A Valérie, ma compagne, pour Tout

A Jean-Jacques, mon ami d'enfance, pour m'avoir permis de donner ma toute première conférence grand public sur les OGM

A toutes celles et ceux qui m'ont apporté leur soutien dans le conflit avec ma hiérarchie

Un merci tout particulier au CRIIGEN et à Fondation Sciences Citoyennes

Christian Vélot

ogm
Tout s'explique

Éditions
Goutte de Sable

Goutte de Sable La Roussière 53400 ATHÉE www.gouttedesable.fr

SOMMAIRE

Préfaces

Christian Vélot est un OGM atypique, docteur, chercheur et enseignant comme il en faudrait beaucoup dans le paysage de la science contemporaine, à la personnalité trempée d'exubérance méditerranéenne et de rigueur slave, le sourire ensoleillé et sympathique, mais le tranchant inexorable et déterminé d'un décideur. Les grands organismes de recherche et les Universités n'ont qu'à bien se tenir lorsqu'il critique le système, même s'il prend des cicatrices, car il a le verbe juste et clair. C'est que le soutien et le baume du public de ses conférences nombreuses est fier, grand ; l'appellation de « maître de conférences » a d'ailleurs rarement été si bien portée dans sa spécialité. Il y a aussi le piédestal que lui taillent ses amis défendus en procès, mis en prisons pour avoir fauché des champs (une première en France depuis le bas Moyen Age), lesquels pouvaient contaminer leurs cultures ; mais encore ses prises de position comme lanceur d'alerte le font bien connaître, et il mérite de l'être davantage. Il est beau communicateur de science complexe, avec simplicité, vous le lirez dans « OGM : tout s'explique », vraiment. Déjà, l'avant-propos gifle le lecteur à qui il promet implicitement de ne pas s'endormir, vous verrez. Les médias lui donnent d'ailleurs souvent la parole comme l'accomplit ici son éditeur préféré, car Vélot – comme on dira – aime la dimension humaine.

Christian est un ami qui ne supporte pas le « traficotage » irresponsable disséminé dans le commerce et l'environnement. C'est la première fois dans l'histoire de la vie depuis quatre milliards d'années qu'une espèce peut modifier artificiellement le patrimoine héréditaire de celles qui l'entourent, de plus à une vitesse industrielle et dans la nature, en transperçant les barrières sexuelles entre les règnes et les familles d'organismes, apportant ici ou là un caractère génétique de chien dans un maïs, d'humain dans une souris. Il serait malsain de se contenter d'un contrôle approximatif, superficiel et à court terme d'une technique aussi puissante, mais tout autant de nier sa dimension exploratoire sur le fonctionnement ou les pathologies du vivant. Toute notre intelligence doit donc être au service de ce contrôle, Christian s'y emploie, après que les biologistes ont laissé se perpétrer déjà sans trop hurler la plus grande crise de la biodiversité sur la planète jamais rencontrée d'histoire d'homme. Il était temps.

J'ai connu notre auteur il y a des années déjà dans un train, le lieu privilégié des verbeux que l'on sollicite à travers la France ou le monde pour parler des OGM dans l'environnement en particulier. Peu possèdent le dossier à fond, et savent le synthétiser pour l'intérêt public. J'ai identifié avec délice ce talent, rempli d'humilité sincère et de reconnaissance. Nous étions tous deux experts puis débatteurs pour le Conseil Régional d'Auvergne, au sujet des plus grands champs d'OGM-médicaments qui voulaient se cultiver en Europe, un thème devenu cher à Christian, qu'il détaille bien entre autres dans les pages qui suivent, pour une des premières fois. Nous avons échangé nos diapositives et sources d'informations presque comme des indiens leurs sangs, et nous sommes tombés d'accord sur ce qui apparaît l'évidence pour la science, mais pas pour certains qui se nomment scientifiques de la réglementation : les OGM sont très mal évalués par rapport à leur puissance de toxicité, notamment via les pesticides qu'ils recèlent trop souvent, et leurs potentiels de contamination et d'impacts dans l'écosystème. Pourtant, nous aimons ensemble le génie génétique, son histoire, ses découvertes, son utilisation pour comprendre la biologie ou soigner.

Mais comment rester droit dans ses bottes et dire qu'il n'y a aucun risque sanitaire avec les OGM, et n'être en même temps pas capable d'imposer aux entreprises qui en fabriquent d'en donner plus de trois mois à des mammifères avant commercialisation ? (On leur analyserait sang et organes comme on le réalise après des prises de médicaments et pesticides, et ceci afin de commencer à soupçonner leurs effets secondaires). C'est le cas aujourd'hui de tous les gouvernements du monde qui autorisent les OGM commercialisés pour l'alimentation, des plantes donc modifiées, hélas pour l'essentiel, afin de contenir des pesticides, qu'elles tolèrent ou produisent.

Puis Christian est entré au CRIIGEN, Comité d'expertise indépendante et multidisciplinaire, dans son conseil scientifique et d'orientation, nous nous sommes bien mieux connus, et comme il a l'innocence et le courage des braves, il a simplement demandé que l'on mette notamment le site du CRIIGEN en lien avec celui de son laboratoire à l'Université, lors d'une mise à jour. Là ont commencé de malheureux ennuis. Comme lorsque la sorcière propose la pomme trop rouge, même pas encore transgénique, à Blanche-Neige. Le CRIIGEN étant libre-penseur, il fallait le critiquer pour les instances. Christian a vu ses positions vilipendées gratuitement en réunions. Il a répondu vertement. Et la séparation s'effectuant par les idées franchement divergentes avec quelques personnes momentanément à la tête d'une institution, qui croit trop souvent sans raison, autre que hiérarchique et économique, à un génie génétique à tout prix, il n'a jamais baissé pavillon ; alors il est loin d'avoir la carrière tranquille, du coup, c'est peu affirmer.

J'ai encore apprécié Christian dans mon Université à Caen où il a donné un exposé précis et savant sur les recherches scientifiques de son équipe, il ne tarit pas de détails de connaisseur en ces occasions. Il est aussi concepteur attentif d'OGM, micro-organismes en milieu confiné de laboratoire, en vue d'une mise en lumière avancée du fonctionnement des gènes. S'il critique, et c'est l'avantage indéniable de cet ouvrage, c'est de l'intérieur de l'expérimentation et de l'expertise.

Clairement écrite, lardée de quelques métaphores croustillantes, voilà l'œuvre d'un homme qui ne mâche ni ses mots ni ses attaques, nominatives juste quand il faut. Ce livre n'est pas un roman. Mais il est de chevet. Un essai pour mettre la science et le débat à portée de tous, un moment brillant, de référence, et indispensable d'information saine et de conscience humaine.

Gilles-Eric Séralini

Professeur de biologie moléculaire, Université de Caen, chercheur Expert pour le gouvernement français (1998-2007) et pour l'Union Européenne (2008) sur les OGM, Président du Conseil Scientifique du CRIIGEN, Chevalier de l'Ordre du Mérite.

VIVE LA MARGE !

Depuis bien des années Christian Vélot répandait ses discours. Et quels discours ! Pédagogue né, mais aussi tribun de conviction, il mettait en balance dans des conférences sans concession les faits scientifiques avec les misères sociales, les appétits économiques et les insuffisances politiciennes. Et laissait ébaubies des assemblées de citoyens des villes ou des champs soudain libérés des inhibitions disposées perfidement autour de leur intelligence. A t-on assez remarqué que la plupart des vulgarisateurs scientifiques sont incompréhensibles ? Jean Rostand, qui tenait l'éducation populaire comme un acte fondateur de la démocratie, disait que vulgariser est le contraire d'une activité vulgaire. On reconnaît chez certains scientifiques une incapacité à dépasser leur petit objet et le langage étriqué qui va avec, et aussi la logique bornée qui va avec. Mais pour d'autres, pour la plupart de ceux dont raffolent les tribunes médiatiques, l'éloquence n'est pas absente et alors on dirait que d'être incompris du public leur prouve le bien-fondé de l'ordre social et vient justifier leur statut... Car enfin « Si tous ces bouseux, ces épiciers et même ces notaires étaient capables de comprendre mon discours, à quoi auraient servi mes études difficiles et mes longues recherches ? » s'indigne l'infatué, refusant que tout cela serve aussi à se faire comprendre par les autres qui sont quand même ses semblables ! Mais il est une autre raison au déguisement des choses simples par ceux qui aiment se faire nommer « savant » alors qu'ils ne sont plus que des techniciens au service de l'innovation marchande : faire admettre aux profanes que ces territoires ne leur sont pas accessibles et se protéger ainsi de toute velléité, populaire et indécente, de juger les activités de laboratoire. Ce qui permet aussi que tel chercheur appartienne aux instances officielles qui expertisent les OGM et puisse ainsi obtenir leur dissémination alors qu'il est lui-même fondateur d'une start-up fabriquant des OGM ...

Alors, depuis bien des années, Christian répandait ses discours comme *Monsanto* ses OGM, mais c'était des discours décapants et il est bien dans l'ordre des choses que la police de la science finisse par s'en mêler. Coupe dans les crédits, déménagement du labo, perte d'une technicienne, dissolution de l'équipe, isolement sanitaire... La bête se défend comme elle peut et elle peut beaucoup. Une seule incertitude sur les causes de cet acharnement : est-il motivé par l'alerte contre les plantes génétiquement modifiées (PGM) ou par l'alerte contre les dérives de la recherche-bizness ... qui conduisent aux PGM ? Il se trouve cependant que Christian est relativement chanceux, ou remarquablement persuasif : combien de scientifiques auraient pu comme lui recueillir pour leur défense la signature de 50000 personnes ?

Cinquante mille ! Sans oublier cette manifestation historique où pour la première fois un campus universitaire, celui d'Orsay où travaille Christian, fut envahi par 500 personnes qui scandaient « Les chercheurs avec les citoyens ! » sous les fenêtres closes de labos qui laissaient entrevoir des visages inquiets ou courroucés. C'était, en cet été 2008, la première manifestation populaire pour contester un ordre archaïque qui prétend consommer les impôts des gens sans se préoccuper de leurs besoins. Ce mouvement devrait faire date dans l'histoire de la mise en démocratie de la technoscience.

Donc, depuis bien des années, Christian répandait ses discours et l'enthousiasme des gens, surpris de tout comprendre, augmentait sans cesse les sollicitations pour de nouvelles conférences. Ainsi se polissent les phrases et s'aiguisent les arguments au fil des répétitions, et alors c'est un texte qui se construit, par un chemin inverse de celui du comédien. Quand le texte est à point, l'orateur le sent de façon évidente parce qu'il coule sans contrôle comme s'il avait été appris, parce que les questions du public ne surprennent plus, parce que la maturité du discours reflète la longue confrontation entre les choses de la science et les soucis des gens réels. Alors, quand « Tout s'explique », il est temps de passer à l'écrit. C'est fait.

On retrouve dans ces lignes les bonheurs de langage de Christian. Foin de la langue de bois des technocrates, voici la langue de chair du biologiste, avec ses expressions imagées, ses comparaisons audacieuses ou déroutantes, tout ça enveloppé dans l'humour malgré la gravité de la cause. Et toujours ce souci d'exposer clairement de quoi on parle mais sans concession à l'exactitude parce que les « profanes » ne peuvent s'approprier la controverse que s'ils ne sont plus considérés comme des acteurs de second rôle.

Est-ce un hasard si cet ouvrage rassemble, avec son auteur et ses préfaciers, l'état-major des scientifiques en opposition déclarée au Téléthon ? Trois, cela fait bien peu de monde mais c'est que relativement peu de collègues n'émargent pas au petit Noël distribué par cette entreprise de bluff en décembre. Et même ceux qui ne touchent pas demeurent pour la plupart persuadés que les capacités d'action de la technoscience dépendent surtout de l'argent qu'on injecte dans la machine à chercher. Comme si le fric permettait de dépasser n'importe quelle adversité ou de résoudre n'importe quel problème. Comme si on pouvait acheter la « maîtrise » du monde, but proclamé par les fanfarons de la technoscience ! C'est bien le constat de son incapacité à maîtriser la vie quotidienne de ses levures transgéniques qui a amené Christian Vélot à crier partout qu'on ne sait pas où l'on va en disséminant des PGM dans les champs. Et ceci malgré les milliards de dollars gaspillés pour cette innovation dont les lobbyistes ne réussissent toujours pas à démontrer un intérêt réellement acquis pour les populations ! Cela fut évident lors du récent débat à l'Assemblée Nationale. Considérons le grotesque de cette situation : est-il raisonnable de payer nos élus pour qu'ils perdent leur temps à jouer une partie imposée par des multinationales à partir d'hypothèses illustrées sur papier glacé mais qui ne sont que virtuelles ou falsifiées ? Hypothèses pour lesquelles la population ne voit aucune urgence... mais craint des conséquences néfastes. Il n'est pas irresponsable de courir un risque (cela arrive pour toute innovation) mais encore faudrait-il que des avantages soient sérieusement escomptés pour justifier cette prise de risque. Quand ces avantages, toujours repoussés à plus tard, n'appartiennent qu'à l'idéologie de la promesse, il devient urgent d'attendre. Par exemple qu'on devienne capables, comme promis par le professeur Tournesol (il n'y a pas que Claude Allègre !) de faire pousser dans le désert des oranges bleues et « toutes les grandes cultures indispensables à la vie de l'homme » (Tintin, 1965)... Alors il faudra interroger le peuple, et particulièrement les nomades du désert, pour savoir ce qu'il faut faire avec ce « miracle de la science », sans oublier aucune de ses facettes moins allèchantes, à commencer par la nécessité d'irrigation ! Un choix technologique est toujours un choix de société mais le problème est que la société n'est jamais sollicitée pour contribuer effectivement à ce choix.

Une question qui me turlupine (parce qu'on me la pose souvent à propos de ma propre trajectoire...) est de comprendre pourquoi un chercheur statutaire devient celui qui scie la branche sur laquelle il pourrait s'asseoir pour se reposer ? Alors je constate que Christian et moi étions en marge dés le début (milieu modeste, famille très nombreuse) et que nous n'avons pas suivi un « cursus normal », comme si de ne pas avoir été dans le moule nous avait faits plus vigilants, et bientôt rebelles. C comme croquant, J comme jacquerie... Ajoutons donc que Christian et moi avons côtoyé tôt le milieu paysan où nous avons pris des leçons d'intelligence car c'est bien parmi ceux-là (j'ai dit « paysans » et pas « agriculteurs ») qu'on trouve les derniers travailleurs des pays industrialisés qui prônent la « bonne vie » afin de s'épanouir dans l'harmonie plutôt que la compétition pour consommer davantage en polluant encore plus. Décidément, encore des gens en marge, c'est-à-dire en avance pour montrer qu'il faut rebondir vite, avant que l'humanité ne se plante grave. Et que devient le paysan (c'est-à-dire l'homme originaire et gardien de la nature) dans un monde selon les PGM ? Il meurt ou devient « agriculteur raisonné » en perdant toute relation avec la nature, ce qui est une autre façon de mourir.

La hargne lucide de Christian Vélot est peut-être aussi pour honorer ses origines.

Jacques Testart

http://jacques.testart.free.fr/

Avant-propos

J'ai toujours considéré que l'une des fonctions du chercheur du service public — que je suis, et je le revendique — devrait être d'informer l'ensemble des citoyens de ce qui se trame dans nos labos. La recherche, qu'elle soit fondamentale ou finalisée, conduit à des nouvelles connaissances, à des applications, qui ont inévitablement des retombées dans la vie de tous les jours de chacun d'entre nous, et les OGM en sont un parfait exemple. Par conséquent, il me semble essentiel que les chercheurs de l'Etat puissent apporter à chaque citoyen les outils qui vont lui permettre de prendre part à des grands débats publics sur des sujets aussi fondamentaux que les OGM, les nanotechnologies, l'utilisation des cellules souches embryonnaires, le clonage thérapeutique, le nucléaire et bien d'autres, autant de technologies qui nous sont souvent présentées comme de formidables innovations, alors qu'il s'agit avant tout de véritables choix de société.

Ce que je propose ici, c'est justement d'apporter à destination du grand public un certain nombre d'informations qui sont, à mes yeux, indispensables à la compréhension de la problématique OGM dans sa globalité, depuis la définition des OGM jusqu'aux questions qu'ils soulèvent — tant sur les plans sanitaire, environnemental, éthique que du point de vue sociétal —, en passant par leurs modes d'obtention et leurs différents domaines d'utilisation et d'application.

Nous avons tous beaucoup entendu parler des OGM depuis une grosse quinzaine d'années (grosso modo depuis le début des années 1990), c'est-à-dire depuis qu'ils ont été introduits dans le monde agro-alimentaire. Mais il faut savoir, et c'est important, que les OGM ne sont pas que « agro-alimentaires ». La technologie OGM est avant tout un outil au service de la recherche fondamentale et médicale, domaines dans lesquels les OGM sont utilisés en laboratoire (c'est-à-dire en milieux confinés) depuis une trentaine d'années. Les OGM ont donc multiples domaines d'utilisation et d'application, et par conséquent, multiples facettes. Il y a beaucoup de choses qui m'irritent dans le débat sur les OGM, mais il y en a une qui m'insupporte particulièrement : il s'agit de l'amalgame qui est fait quasi-systématiquement entre tous les OGM. Dans beaucoup des émissions de télévision consacrées à la question des OGM — et à certaines desquelles j'ai participé —, ceux-ci nous sont présentés comme un tout, une sorte de sandwich constitué d'une couche de médicament entre deux feuilles de maïs. Cet amalgame est dû au fait que de nombreux scientifiques — et je parle là de scientifiques qui s'y connaissent en matière d'OGM ; je ne parle pas bien sûr de Claude Allègre qui, lui, s'y connaît autant en OGM que Thierry Roland en danse classique — se plaisent à entretenir la confusion, exploitant ainsi la vitrine médicale pour mieux servir leurs arguments en faveur des OGM agro-alimentaires (démarche pour le moins malhonnête mais qui fonctionne plutôt bien au pays du Téléthon). Or l'introduction des OGM dans l'agro-alimentaire soulève de nouvelles questions que les inconditionnels de cette technologie tentent d'escamoter à coup d'amalgames et de dénis de connaissances qui ne font que brouiller un débat déjà difficile au lieu d'en dégager les véritables enjeux, et permettre ainsi à chaque citoyen de se poser les bonnes questions.

Que nous soyons en faveur de tous les OGM, contre tous les OGM, pour certains et contre d'autres, les arguments que nous serons amenés à déployer pour défendre notre point de vue ne seront pas de même nature en fonction des OGM dont nous parlons, car les problèmes qu'ils posent sont eux-mêmes de nature différente.

C'est la raison pour laquelle je m'évertue ici, comme je le fais dans chacune de mes conférences à destination du grand public, à séparer les différents domaines d'utilisation et d'application des OGM : la recherche fondamentale, le domaine médical et pharmaceutique, les divers secteurs industriels et l'agro-alimentaire. Cette démarche me permet de mettre en lumière non seulement les différences majeures qui existent entre les OGM utilisés en espaces confinés d'une part, et les OGM agricoles d'autre part, mais également les nouvelles questions et les nouveaux risques (notamment sur le plan sanitaire et environnemental) engendrés par l'introduction des OGM dans les champs et dans les assiettes.

Par ailleurs, ayant conscience que beaucoup de lecteurs pourraient attendre d'un scientifique qu'il explique sans prendre position, je tiens à prévenir que ce n'est pas mon cas ici. Je cherche nullement à cacher mes opinions sur le sujet. D'une part parce qu'elles sont connues étant donné que j'ai eu multiples occasions de les exposer publiquement, et d'autre part parce que je ne suis pas de ceux qui pensent que la science est neutre, que le scientifique est au dessus de la polémique, au dessus de la politique, et que le scientifique n'est « ni pour ni contre, bien au contraire ». Je pense en revanche que le scientifique est avant tout un citoyen, et qu'il se doit de dire haut et fort quand il considère notamment que la science dérive. Pour ma part, je considère qu'en matière d'OGM agro-alimentaires, nous sommes dans l'irresponsabilité la plus totale et je tiens à le faire savoir. Si dans 30 ans, j'ai la chance – ou la malchance, je ne sais pas – de faire encore partie de ce monde, je ne veux pas ne plus pouvoir me regarder dans le miroir en me disant « Je savais et je n'ai rien dit ». Alors, je dis, n'en déplaise à tous ceux que cela pourrait déranger.

J'en ai marre de ces chercheurs qui, dans un certain nombre de débats auxquels j'ai participé ou dans des écrits, se réfugient derrière leur statut de scientifique pour s'acheter aux yeux du public une prétendue neutralité, espérant ainsi donner plus de crédibilité à leurs arguments, alors qu'ils sont de véritables VRP des OGM tous azimuts. C'est d'une malhonnêteté sans nom !

La contradiction est l'un des poumons de la démocratie, et l'information n'est objective que si elle est contradictoire. C'est la raison pour laquelle, plutôt que de me cacher derrière une prétendue virginité de la science et de me faire passer pour le bon petit chercheur doté de l'auréole de la neutralité, je préfère parler franc et vous inviter à lire ou écouter des scientifiques qui s'affichent clairement et qui ne partagent pas mon point de vue. Chacun d'entre vous, après avoir confronté les différents argumentaires, pourra alors se faire un avis motivé.

I. QU'EST-CE-QU'UN OGM ?

« En fait, le gène est un peu l'Arlésienne de la génétique : on en parle sans cesse mais on ne le voit jamais »

André Pichot,
Histoire de la notion de gène

Définition

La définition officielle – dite académique, et qui est celle retenue notamment par toutes les instances européennes – d'un Organisme Génétiquement Modifié dit qu'il s'agit d'un organisme vivant – un microbe, un végétal ou un animal – ayant subi une modification non naturelle (c'est-à-dire par intervention de la main de l'homme), de ses caractéristiques génétiques initiales, par ajout, suppression ou remplacement d'au moins un ***gène***[1]. Cette définition vaut pour tous les OGM, quels qu'ils soient et quel que soit leur domaine d'utilisation ou d'application (recherche fondamentale, domaine médical et pharmaceutique, agro-alimentaire).

Une autre définition, plus restrictive, et qui ne concerne donc que certains OGM – mais qui est celle à laquelle répond la quasi totalité des OGM agricoles – dit qu'un Organisme Génétiquement Modifié est un organisme

1 *Chaque mot indiqué en italique gras fait l'objet d'une définition répertoriée dans un glossaire à la fin de cet ouvrage.*

vivant – un microbe, un végétal ou un animal – dans lequel on a introduit, toujours de façon non naturelle, au moins un gène provenant d'une espèce à laquelle il n'appartient pas. Si on introduit un gène de poisson dans la fraise, la fraise est un OGM ; un gène de bactérie dans le maïs, le maïs est un OGM ; un gène humain dans une bactérie, la bactérie est un OGM, etc. Ces OGM particuliers s'appellent des ***organismes transgéniques*** car les « gènes étrangers » qu'ils hébergent et qui proviennent d'un organisme « donneur » sont appelés des ***transgènes***. La ***transgenèse*** est alors l'ensemble des procédés permettant de fabriquer ce type d'OGM.

Si tous les organismes transgéniques sont bien évidemment des OGM (l'introduction d'un ou plusieurs gènes dans un organisme vivant revient bien sûr à modifier, de façon non naturelle, les caractéristiques génétiques initiales de celui-ci), tous les OGM ne sont pas, en revanche, des organismes transgéniques. En effet, si on inactive (on supprime) un gène d'un organisme vivant, on a là aussi modifié de façon non naturelle ses caractéristiques génétiques initiales sans pour autant introduire un gène étranger dedans. On aura donc à faire dans ce dernier cas à un OGM non transgénique.

Quelques notions indispensables

Pour bien comprendre ce sur quoi repose la possibilité pour l'homme, le chercheur en particulier, de fabriquer des OGM, et notamment des organismes transgéniques, il est nécessaire de connaître un certain nombre de notions de biologie de base. Bien sûr, il ne s'agit pas de faire ici un cours de biologie. Je vais m'efforcer de vulgariser, de simplifier au maximum, et je vais essayer de rendre cette partie la plus ludique possible. Néanmoins, je crois cette étape indispensable. En effet, autant je suis persuadé qu'on n'a pas besoin d'être un biologiste averti, et fort heureusement, pour avoir ou se faire un avis sur les OGM, autant je pense qu'on peut difficilement faire totalement l'économie de l'aspect technique. Car c'est en faisant l'impasse de l'aspect technique qu'on peut se laisser dire tout et n'importe quoi, et que certains partisans de la transgenèse généralisée en profitent pour noyer le grand public dans des amalgames douteux et avancer ainsi des « arguments » qui n'en sont pas.

Tout d'abord, il faut savoir que tous les organismes vivants sont constitués de ***cellules***. La cellule est en quelque sorte « l'unité de la vie ». D'ailleurs, certains organismes sont constitués d'une seule cellule — ils sont dits ***unicellulaires***. Il s'agit de certains microbes : les bactéries, les levures (comme la levure de boulangerie par exemple). En revanche, d'autres organismes beaucoup plus complexes, comme les animaux, les végétaux, sont constitués de milliards de cellules (ils sont ***pluricellulaires***). Nous, les humains, par exemple, nous avons des cellules du cerveau, du cœur, du foie, des reins, du sang (les globules rouges, les globules blancs, etc.), des cellules osseuses... Bref, nous sommes un tas de cellules qui, toutes, fonctionnent en harmonie pour faire un organisme entier. De la même manière, chez la plante, il y a des cellules de feuilles, de la tige, de racines, qui, là encore, fonctionnent en harmonie pour faire une plante entière. Bien sûr, toutes ces cellules ont des spécialités différentes : une cellule du cœur ne fait pas les mêmes choses qu'une cellule du foie ou du rein. Chez la plante, une cellule de feuille n'a pas les mêmes spécialités qu'une cellule de racine, etc. Néanmoins, toutes ces cellules, qu'elles soient animales, végétales, voire microbiennes, ont des caractéristiques communes, et ce sont à ces caractéristiques communes que nous allons nous intéresser maintenant.

Imaginons, pour faire simple, qu'une cellule a la forme d'un ballon (ce n'est bien sûr pas le cas de toutes les cellules, qui peuvent avoir des formes très particulières, mais ce n'est pas important pour notre propos ici) que nous allons ouvrir pour voir ce qu'on y trouve à l'intérieur. Beaucoup s'imaginent qu'une cellule est un simple sac rempli de liquide ou d'un composé donné. Non, c'est beaucoup plus complexe que cela. Une cellule est une véritable « usine », et tout au long de mon propos, je vais très souvent faire allusion à la notion d'« usine cellulaire ». A l'intérieur de chaque cellule, il y a tout un tas de compartiments, de vésicules, de saccules. C'est une véritable architecture extrêmement sophistiquée où toutes les composantes interagissent entre elles. C'est non pas figé mais très dynamique.

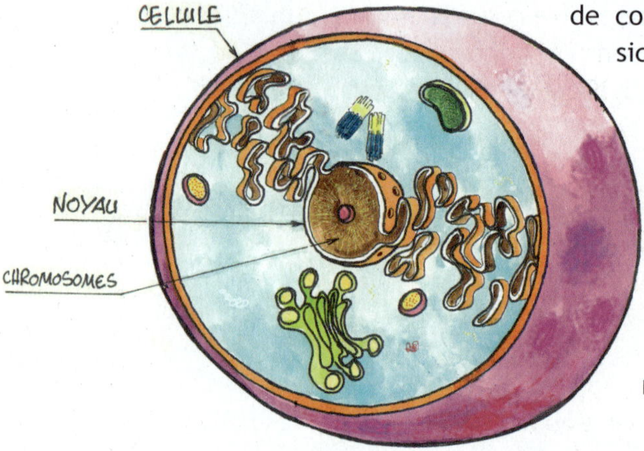

Imaginez une usine, avec de nombreuses salles à l'intérieur, des portes pour communiquer des unes aux autres, du matériel qui rentre, qui sort, etc. Dans chacune des cellules se trouve une structure particulière — un compartiment particulier — que l'on appelle le ***noyau***[2]. Celui-ci contient de très grosses molécules, très compactées pour qu'elles puissent se tenir à l'intérieur : il s'agit des ***chromosomes***. Chaque organisme vivant a un nombre bien défini de chromosomes. Nous, les humains, par exemple, nous avons dans chacune de nos milliards de cellules 23 chromosomes différents. Ils sont tous en double, ce qui en fait 46 au total, sauf dans les cellules sexuées (spermatozoïdes et ovules) où

2 *Les bactéries, organismes unicellulaires, sont dépourvues de noyau. Leur unique chromosome n'est alors pas enfermé à l'intérieur d'un compartiment particulier.*

chacun des 23 chromosomes n'est qu'en un seul exemplaire (quand un spermatozoïde féconde un ovule, on obtient alors une nouvelle cellule qui contient à nouveau 46 chromosomes et à partir de laquelle va se développer l'embryon et le futur bébé).

Pour donner d'autres exemples, la levure de boulangerie (*Saccharomyces cerevisiae*, sur laquelle j'ai beaucoup travaillé) a 16 chromosomes différents, le champignon microscopique du sol sur lequel je travaille aujourd'hui (*Aspergillus nidulans*) en a 8, le blé : 21, la tomate : 18, la pomme de terre : 24, le pigeon : 8, l'escargot : 12, le chat : 19, le chien : 39, la souris : 20, le rat : 21, le mouton : 27, la vache : 30, la carpe : 52, etc.

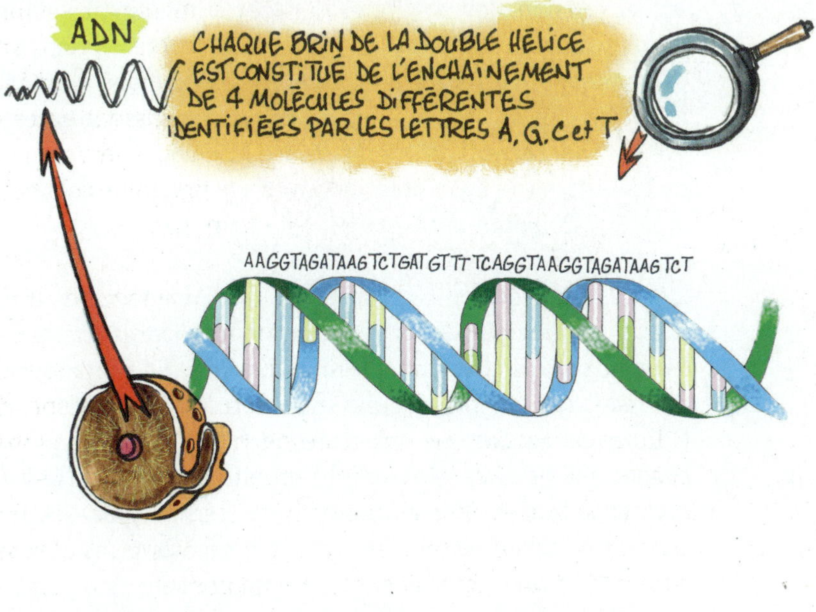

Chaque chromosome est une très longue molécule constituée de deux brins parallèles enroulés autour d'un axe pour former une double hélice : c'est la fameuse double hélice d'***ADN*** (l'ADN est le nom du constituant chimique des chromosomes) dont vous avez certainement déjà entendu parler, notamment au moment du Téléthon qui est en général une période où les biologistes sont pris d'un élan de vulgarisation... Chacun des deux brins parallèles de la double hélice est lui même constitué de l'enchaînement à la queue leu leu de quatre molécules différentes (appelées ***nucléotides***) que l'on identifie par leurs initiales, c'est-à-dire par quatre lettres : A,G,C,T.

Séquencer une molécule d'ADN, c'est en quelque sorte déterminer sa formule chimique, c'est-à-dire l'ordre de succession des 4 lettres tout le long des deux brins de la double hélice. Il y a bien sûr un très grand nombre de combinaisons possibles, c'est ce qui explique qu'avec les empreintes génétiques (qui sont en quelque sorte l'ordre de succession des 4 lettres sur certaines parties de nos chromosomes), on soit capable d'identifier un individu parmi les 6 milliards que compte la planète. Les seuls individus qui ont les mêmes empreintes génétiques, c'est-à-dire exactement le même ordre d'enchaînement des 4 molécules sur l'ensemble de leurs chromosomes, sont les vrais jumeaux qui sont en fait des clones naturels.

Quand on dit qu'on a séquencé un ***génome***, c'est-à-dire l'ensemble des chromosomes d'un organisme – le génome humain, c'est l'ensemble des 23 chromosomes humains différents –, cela signifie que l'on a déterminé l'ordre de succession des quatre lettres pour chacun des chromosomes différents de cet organisme. Pour le génome humain, dont le séquençage a été terminé en 2003, la succession des 4 lettres sur les 23 chromosomes représente 100 livres, format A4, avec 100 pages chacun. Et je dis bien « le génome humain a été séquencé », et non pas, comme on nous rebat les oreilles dans les périodes téléthonesques : « le génome humain a été décrypté ».

On aura décrypté le génome humain le jour où on

aura compris toute la signification biologique qui se cache derrière toute cette succession de 4 lettres (sur les 100 livres, format A4, 100 pages chacun) et qui permet à nos usines cellulaires de fonctionner. On en est très loin, et pour le moment, nous n'avons décrypté que quelques morceaux, c'est-à-dire des petits segments de chromosomes, pour chacun desquels nous avons donc pu élucider l'information biologique (ou une des informations biologiques) qu'ils détiennent et qui permet le fonctionnement des cellules. Et ce sont ces petits morceaux de chromosome, pour lesquels nous avons pu identifier une information biologique, que l'on appelle des gènes. Pour identifier des gènes, on a recours à diverses méthodes expérimentales mais on peut également s'aider de l'outil informatique : lorsqu'on dispose de tout le livre génétique d'un organisme (comme c'est le cas pour l'espèce humaine aujourd'hui), des logiciels particuliers peuvent alors rechercher dans toute cette succession de 4 lettres où peuvent se trouver des gènes potentiels, selon des critères qui correspondent à l'essentiel de ce que l'on connaît des gènes aujourd'hui[3], à savoir, par exemple, qu'ils comprennent une ***séquence*** dite « ***codante*** » commençant par ATG, se terminent souvent par TAA avec un nombre de lettres total entre les deux qui est un multiple de 3, etc.

Une fois un gène potentiel ainsi identifié, il nous faut alors essayer d'en élucider la (ou les) fonction(s) à l'aide, à nouveau, de multiples approches expérimentales.

Pour résumer, nous pouvons considérer le génome d'un organisme comme une encyclopédie où chaque chromosome représente un volume — dans « l'encyclopédie humaine », il y a donc 23 volumes puisqu'il y a 23 chromosomes différents. Dans chaque volume, il y a des phrases — ce sont les gènes —, et ces phrases sont écrites dans un alphabet de quatre lettres : A, G, C, T — c'est le langage génétique.

3 Ces critères correspondent à une notion inévitablement réductrice du gène, à savoir des fragments de chromosomes détenant l'information qui permet à la cellule de fabriquer une ou plusieurs protéines (cf. Glossaire).

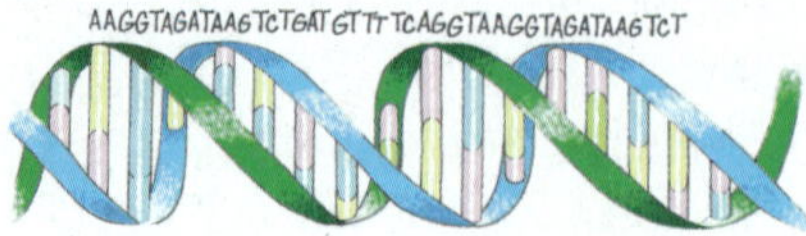

Quelle est la nature de l'information biologique contenue dans les gènes (et qui permet aux usines cellulaires de fonctionner) ? Pour l'essentiel de ce que nous en connaissons aujourd'hui, les gènes, dans leur grande majorité, détiennent le secret de fabrication des ***protéines***. Les protéines sont de très grosses molécules constituées elles-mêmes de 20 petites molécules différentes (que l'on appelle des ***acides aminés***) enchaînées à la queue leu leu. Nous pouvons imaginer une protéine comme un collier de perles de 20 couleurs différentes (chaque perle ayant une couleur définie). Ce qui détermine l'ordre d'enchaînement des perles d'une protéine, c'est l'ordre de succession des 4 lettres (A, G, C, T) dans le gène correspondant.

Imaginons qu'une cellule ait besoin à un moment précis, pour faire une opération particulière, de fabriquer une protéine donnée. Toute une machinerie cellulaire se met alors en route pour aller rechercher dans le noyau, sur l'un des chromosomes, le gène qui détient le secret de fabrication de cette protéine, et cette machinerie va alors lire le gène (le décoder) : à chaque triplet de lettres correspond une couleur de perle – un acide aminé – (ATG : perle rouge, TTT : perle bleue, CAG : perle verte, etc.). Autrement dit, quand on passe du gène à la protéine, on passe d'un langage en quatre lettres (A,

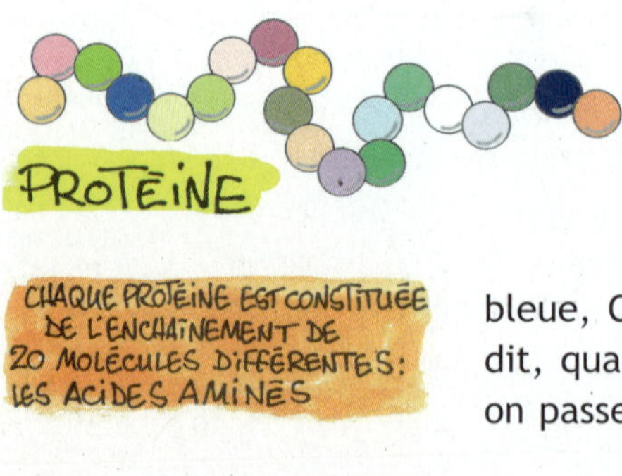

G, C, T) – le langage génétique – à un langage en 20 lettres (les 20 couleurs de perle) – le langage protéique.

D'ailleurs, le processus biologique qui permet le passage des gènes aux protéines s'appelle la ***traduction*** (ce n'est pas un terme de vulgarisation utilisé pour la circonstance ici, c'est le véritable terme utilisé en biologie : la cellule traduit les gènes en protéines). Une fois le collier de perles terminé (c'est-à-dire après lecture de la totalité du gène), il va se replier dans l'espace, non pas de manière aléatoire mais de manière extrêmement précise et spécifique à chaque protéine : la structure tridimensionnelle d'une protéine est tout aussi importante que sa formule chimique (c'est-à-dire la couleur et l'ordre d'enchaînement des perles qui la composent). Par ailleurs, il est important de préciser qu'un même gène peut donner naissance à plusieurs protéines (par divers mécanismes plus ou moins complexes, et parfois encore assez mal connus, qu'il n'est bien sûr pas nécessaire d'exposer ici).

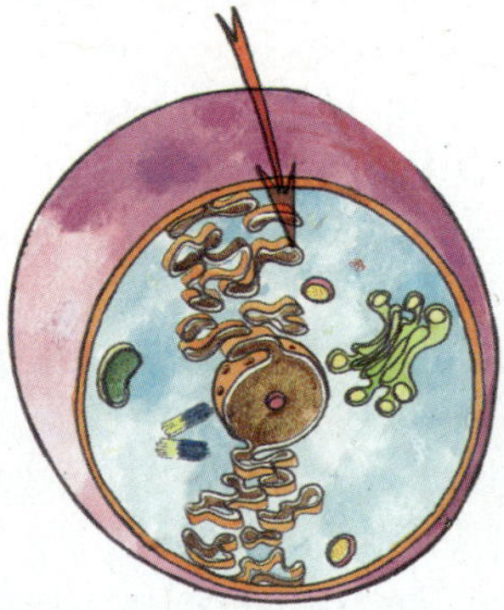

A quoi servent les protéines dans les cellules ? Les protéines ont deux grands rôles : elle participent à l'édifice cellulaire (rôle de structure) et sont les acteurs de tous les processus biologiques qui ont lieu dans chaque cellule.

Les différents compartiments des usines cellulaires sont séparés par ce qu'on appelle des membranes (les murs qui séparent les différentes salles de l'usine). Ces membranes sont constituées de lipides (de graisses), mais également de protéines. Ces protéines jouent donc le rôle de certains parpaings, certaines briques, des murs de l'usine (rôle de structure).

Mais les protéines, dans leur grande majorité, sont les ouvriers des usines cellulaires. Dans chaque cellule ont lieu des milliers de réactions chimiques (que l'on appelle des réactions biochimiques) : ce sont les processus biologiques – les chaînes de montage et de démontage qui ont lieu dans les usines. Ces réactions biochimiques nécessitent des catalyseurs biologiques que l'on appelle des ***enzymes*** : les enzymes sont des protéines. A la surface des cellules se trouvent des grosses molécules que l'on appelle des récepteurs et qui permettent aux cellules de capter telle ou telle molécule extérieure (sucres, sels, vitamines, oligo-éléments, etc.) ou de « percevoir » leur présence : ces récepteurs, ce sont des protéines. Dans des organismes complexes comme nous, les humains, certains organes, comme le pancréas, fabriquent des hormones qui passent dans le sang pour agir à distance dans l'organisme : ces hormones, le plus souvent, ce sont des protéines. Les protéines sont donc véritablement les ouvriers qui font fonctionner les usines cellulaires.

Pour résumer, encore une fois, l'ensemble de mon propos, on peut considérer qu'un organisme vivant est une mini-usine – s'il s'agit d'un organisme unicellulaire – ou des milliards de mini-usines « empilées » les unes sur les autres – pour des organismes pluricellulaires et complexes comme nous, les animaux en général, les plantes. Dans ces mini-usines ont lieu des chaînes de montage et de démontage – ce sont les processus biologiques – sur lesquelles travaillent des ouvriers – ce sont les protéines. Le secret de fabrication des protéines est contenu dans les gènes qui sont situés dans les chromosomes ; les chromosomes étant eux-mêmes « enfermés » dans une salle de l'usine qui s'appelle le noyau.

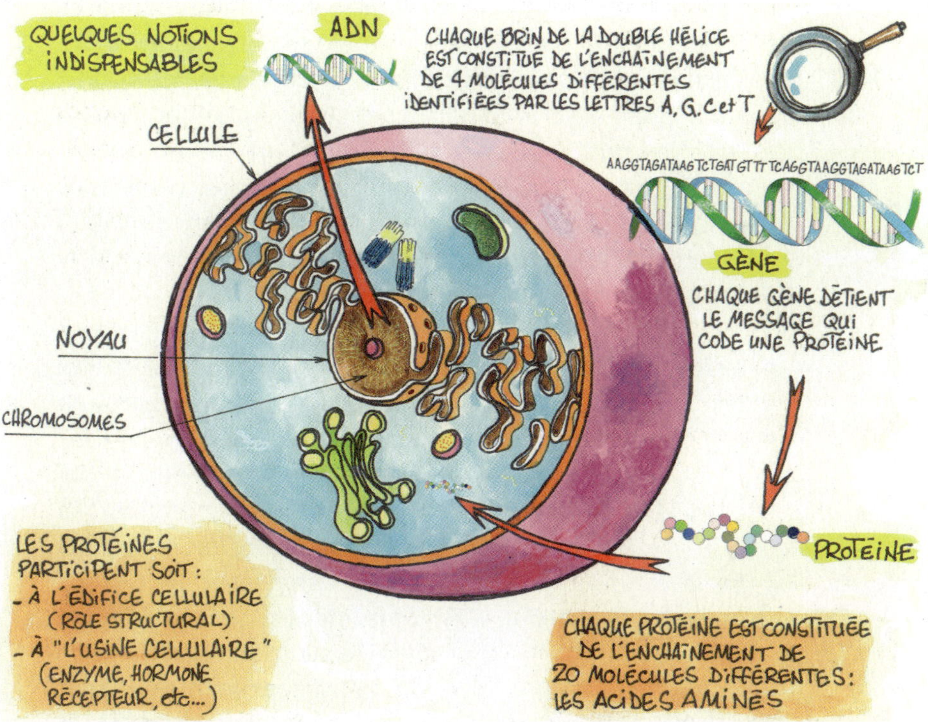
QUELQUES NOTIONS INDISPENSABLES
ADN
CHAQUE BRIN DE LA DOUBLE HÉLICE EST CONSTITUÉ DE L'ENCHAÎNEMENT DE 4 MOLÉCULES DIFFÉRENTES IDENTIFIÉES PAR LES LETTRES A, G, C et T
CELLULE
AAGGTAGATAAGTCTGATGTTTTCAGGTAAGGTAGATAAGTCT
GÈNE
CHAQUE GÈNE DÉTIENT LE MESSAGE QUI CODE UNE PROTÉINE
NOYAU
CHROMOSOMES
PROTÉINE
LES PROTÉINES PARTICIPENT SOIT :
- À L'ÉDIFICE CELLULAIRE (RÔLE STRUCTURAL)
- À "L'USINE CELLULAIRE" (ENZYME, HORMONE RÉCEPTEUR, etc...)
CHAQUE PROTÉINE EST CONSTITUÉE DE L'ENCHAÎNEMENT DE 20 MOLÉCULES DIFFÉRENTES : LES ACIDES AMINÉS

Permettez-moi de faire ici une petite parenthèse. En tant qu'enseignant, j'aime beaucoup avoir recours à des métaphores car elles ont sans aucun doute certaines vertus pédagogiques. Toutefois, outre le fait qu'elles ont bien sûr leurs limites, elles peuvent aussi s'avérer dangereuses en ce sens qu'elles peuvent conduire, par extrapolation, à des interprétations abusives ou erronées. Par exemple, l'analogie faite ici entre les cellules et les usines, entre les protéines (dont les gènes détiennent le secret de fabrication) et les ouvriers, pourrait laisser penser que les gènes (l'ADN) sont en quelque sorte le personnel dirigeant de l'entreprise et que les protéines en sont les ouvriers exécutants. En d'autres termes, l'ADN serait le chef d'orchestre de tous les processus biologiques et il suffirait donc d'agir sur l'ADN pour modifier la partition et ainsi changer la musique, c'est-à-dire pour contrôler et maîtriser le vivant.

A l'heure où « le tout génétique » est encore extrêmement pesant dans les sciences du vivant, encore très dominant dans les programmes de recherche biologique où on ne sait envisager l'avenir autrement que par le développement des biotechnologies (au détriment de la recherche purement fondamentale), à l'heure où on assiste à des relents d'eugénisme avec le fameux gène de la délinquance, le gène du suicide ou autre gène de la pédophilie — en tout cas, si on veut chercher le gène de la connerie, on sait où le trouver —, il m'apparaît indispensable de faire une petite mise au point et de donner quelques précisions sur le fonctionnement de « mes usines cellulaires ».

Notamment, pour que le gène

soit traduit en protéines (c'est-à-dire, pour que ce qui pourrait apparaître comme étant « le personnel dirigeant qui donne ses ordres à l'ouvrier »), il faut l'intervention de toute une machinerie cellulaire qui est elle-même constituée d'un très grand nombre de protéines (d' « ouvriers »). De la même manière, lorsqu'une cellule se divise pour en donner deux, elle doit notamment dupliquer ses chromosomes. Si on prend l'exemple d'une cellule humaine, cela signifie qu'elle doit les posséder transitoirement en 4 exemplaires au lieu de 2 (4 X 23 au lieu de 2 X 23) de façon à ce que chaque cellule fille récupère bien le même patrimoine génétique que la cellule mère (2 X 23 chromosomes). La duplication de ces chromosomes nécessite de nombreuses enzymes (protéines). Autrement dit, la fabrication de ce qui, encore une fois, pourrait apparaître comme « le personnel dirigeant » nécessite des « ouvriers ». Nous sommes donc dans une situation d'une totale interdépendance où tous les composants cellulaires interagissent entre eux, sans aucune hiérarchisation des processus. En d'autres termes, si on tient à garder la métaphore de l' « usine cellulaire », de la « cellule-entreprise », il faut alors plutôt considérer l'entreprise en question comme une coopérative ouvrière...

Pourquoi ai-je consacré toutes ces pages à décrire succinctement comment fonctionne le vivant alors que le but est ici d'expliquer ce que sont les OGM ? Tout simplement parce que la possibilité pour le chercheur de fabriquer des OGM – des organismes transgéniques en particulier – repose sur le fait que le langage génétique en quatre lettres (A, G, C, T) est universel dans tout le monde du vivant connu à ce jour. Je dis « connu à ce jour » car n'allons pas croire que l'on connaît tous les organismes vivants de la planète. On ne connaît par exemple que 5 % environ des micro-organismes du sol – à titre d'information, on estime que le nombre de bactéries contenues dans un gramme de sol de surface est compris entre cent millions et un milliard et que mille à dix mille espèces différentes pourraient y être représentées –, on est loin de connaître tous les organismes marins qui vivent dans les profondeurs des océans, etc. (et il va sans dire que beaucoup d'organismes vivants ne seront jamais connus car ils auront disparu avant qu'on ne les découvre).

Du fait de cette universalité du code génétique, si les usines cellulaires du maïs, par exemple, « ouvrent le livre génétique » d'une bactérie, elles peuvent le lire et le décrypter. Et cela est vrai de tout organisme vers tout autre. Concrètement, cela signifie que lorsqu'un gène (provenant d'un organisme « donneur », par exemple une bactérie) est introduit dans un autre organisme (par exemple le maïs), cet organisme « receveur » va prendre ce gène à son propre compte, le décoder et ainsi fabriquer la (ou les) protéine(s) correspondante(s). Autrement dit, cette manipulation revient à introduire de nouveaux ouvriers dans les usines cellulaires de l'organisme « receveur ». Dans notre exemple, il s'agit d'introduire un ou plusieurs ouvrier(s) de l'usine cellulaire bactérienne dans les usines cellulaires végétales du maïs. Le travail effectué par ces nouveaux ouvriers (le processus biologique – la chaîne de montage ou de démontage – auquel ils contribuent) va alors conférer de nouvelles propriétés à l' organisme « receveur » qui est ainsi génétiquement modifié (il s'agit bien sûr ici d'un organisme transgénique).

Quelques « petites » remarques d'importance

-> Bien que le code génétique soit universel, il ne suffit pas de prélever un gène d'un quelconque organisme « donneur » et de l'introduire dans un quelconque organisme « receveur » pour que ce dernier puisse fabriquer la (ou les) protéine(s) codée(s) par le gène en question. Malgré tout, un certain nombre d'informations contenues dans les gènes ne sont pas (ou sont mal) comprises d'une espèce à une autre. Il s'agit notamment de la séquence qui précède la séquence codante et que l'on appelle le ***promoteur***, et de celle qui suit la séquence codante et que l'on appelle le ***terminateur***. Il est alors nécessaire de procéder à une série de petites modifications (réalisées *in vitro*) du gène en question (après l'avoir extrait et purifié de l' organisme « donneur » et avant de le réintroduire dans l'organisme « receveur »).

Pour reprendre l'exemple du gène de bactérie dans le maïs, il s'agira de remplacer des petits morceaux du gène bactérien (promoteur et terminateur notamment mais pas exclusivement) par des morceaux de gènes de plante (qui, par définition, fonctionnent dans la plante) ou par des petits morceaux de gènes de virus de plantes (qui, par définition, fonctionnent également dans la plante). Le transgène qui va être introduit *in fine* dans le maïs n'est donc pas le gène naturel de bactérie, mais un gène modifié, une sorte de chimère génétique construite de toutes pièces et qui, bien que constituée pour l'essentiel du gène de bactérie initial, sera en quelque sorte une juxtaposition de séquences d'ADN (de petits morceaux de chromosomes) d'origines différentes. Ce gène modifié est ce qu'on appelle, dans notre jargon, une ***CGA*** : une ***Construction Génétique Artificielle***. Le fait que les transgènes ne soient pas des gènes naturels mais des gènes modifiés a des conséquences importantes dans l'appréciation des risques, tant sanitaires qu'environnementaux, que peuvent présenter les organismes transgéniques. Et nous aurons l'occasion d'y revenir ultérieurement, notamment avec un exemple concret qui concerne le maïs MON810, seule plante transgénique autorisée à ce jour à la culture commerciale en Europe (cf. chapitre VI : **Plantes produisant un (ou des) insecticide(s) (plantes *Bt*) - *Différences entre l'insecticide produit par la plante et celui produit par la bactérie***).

-> Si le transgène « dit » aux cellules qui l'hébergent dans quel ordre il faut enfiler les perles pour fabriquer la (ou les) protéine(s) qu'il code, il n'est, en revanche, que très partiellement responsable de la manière dont les protéines doivent se replier dans l'espace. Ce repliement dépend en partie de la nature et de l'ordre d'enchaînement des perles (et donc du gène) mais essentiellement de l'environnement de la cellule dans laquelle la protéine est fabriquée (acidité, concentration en sels, etc.). Or l'environnement cellulaire peut varier considérablement d'un organisme vivant à un autre (voire d'un tissu à un autre à l'intérieur d'un même organisme vivant). Par exemple, l'environnement d'une cellule de maïs est bien sûr très différent de celui d'une cellule de bactérie, et on n'aura jamais la certitude qu'une protéine bactérienne est correctement repliée lorsqu'elle est artificiellement fabriquée par le maïs, même lorsqu'elle conserve l'activité biologique pour laquelle elle a été précisément introduite dans cette plante (et ça vaut de tout organisme vers tout autre) (cf. chapitre VI : **Risques d'allergies dues aux protéines codées par les transgènes** ; et chapitre VII : **La protéine codée par le transgène est considérée comme identique à celle codée par le gène naturel correspondant**). Or, le mauvais repliement d'une protéine peut avoir des conséquences absolument imprévisibles et parfois très fâcheuses. N'oublions pas que les maladies à prions, (maladie de la vache folle, maladie de Creutzfeldt-Jakob, tremblante du mouton, etc.) par exemple, sont dues à de simples défauts de repliement d'une protéine particulière (le gène correspondant, et donc la nature et l'ordre d'enchaînement des perles de la protéine en question, n'est absolument pas affecté).

Par ailleurs, une fois son repliement terminé, la protéine peut faire l'objet de ***modifications*** chimiques secondaires (dites « ***post-traductionnelles*** ») telles que des ajouts de sucres, de phosphates, qui peuvent être nécessaires à sa fonctionnalité, à son activité, ou lui conférer des propriétés particulières. Là encore, on n'aura jamais la certitude que ces modifications post-traductionnelles (qui ne sont pas « dictées » par le gène) sont absolument identiques dans les cellules de l'organisme transgénique à ce qu'elles sont dans les cellules où la protéine est naturellement fabriquée (cf. chapitres VI et VII comme indiqué précédemment).

-> La transgenèse nous est très souvent présentée comme une « technique chirurgicale ». Les mots ont leur importance. Le qualificatif « chirurgical » est alors synonyme de « grande précision » et sous-entend bien sûr une maîtrise totale : quand on a à faire à un chirurgien, on espère bien qu'il maîtrise tout. Mais si le chirurgien maîtrisait la chirurgie comme le généticien moléculaire maîtrise la transgenèse, alors il vaudrait mieux ne jamais avoir recours à un chirurgien. La technologie OGM est au contraire une technique totalement aléatoire. Ce qui est relativement « chirurgical », c'est la réalisation de la construction génétique artificielle (CGA) : bien qu'on ait recours, pour « jouer au lego » avec l'ADN, à des techniques indirectes qui nous obligent à travailler plus ou moins en aveugle, nous avons la possibilité de vérifier *a posteriori*, notamment grâce au séquençage, que nous ne nous sommes pas trompés et que la CGA est correcte. En revanche, ce qui n'a absolument rien de chirurgical est la manière dont on introduit cette CGA dans les cellules réceptrices.

Par exemple, pour introduire de l'ADN dans des bactéries (ce que l'on fait couramment dans tous les laboratoires de génétique moléculaire : cf. chapitre II), l'ADN en question (la CGA) est placé au contact des bactéries en suspension dans un petit récipient muni de deux électrodes (une cathode et une anode). A l'aide d'un appareil prévu à cet effet, une décharge électrique de 2500 volts est appliquée pendant une fraction de seconde dans la solution. Cette décharge a alors pour but de faire des « trous » — des pores — dans la paroi des cellules bactériennes et de permettre ainsi à l'ADN de rentrer dans les cellules (c'est la technique dite ***d'électroporation***). En fait, 95% des bactéries ne supportent pas et meurent, et parmi les 5% restantes, un certain nombre vont intégrer dans leur chromosome (il n'y a en général qu'un seul chromosome chez les bactéries) la CGA qui aura pu pénétrer dans les cellules bactériennes par les pores ainsi formés. Je n'y connais rien en chirurgie, mais j'ose espérer qu'on y utilise des techniques un peu moins hasardeuses.

Prenons un autre exemple avec les cellules de plantes. Les cellules végétales ont la particularité d'être entourées d'une paroi extrêmement solide, faite de pectine et de cellulose. Cette paroi pecto-cellulosique, très résistante, rend très difficile la pénétration d'ADN dans les cellules : même les chocs électriques ne permettent pas d'y faire des trous. La technique d'électroporation ne peut alors s'appliquer qu'après avoir digéré (à l'aide d'enzymes particulières) cette paroi. Les cellules végétales dépourvues de leur paroi (que l'on appelle des ***protoplastes***) sont alors très sensibles aux variations de pression et doivent être maintenues dans un milieu à pression constante (dit isotonique). Après que ces cellules végétales (ces protoplastes) sont devenues transgéniques par électroporation, elles doivent être placées dans des conditions optimales de culture pour qu'elles puissent se re-générer, c'est-à-dire se « refaire une santé » en reconstituant notamment leur paroi. Dans le cas des cellules végétales, l'électroporation est donc un procédé relativement lourd, mais il existe d'autres techniques permettant d'agir directement sur des cellules intactes (c'est-à-dire non dépourvues de leur paroi).

L'une d'elles, très courante, et qui est celle qui a été utilisée pour la plupart des plantes génétiquement modifiées (***PGM***) cultivées aujourd'hui à la surface de la planète, s'appelle la ***biolistique***. Cette technique fait appel à un outil particulier dont le nom est un peu moins « poétique » mais plus parlant : il s'agit du ***canon à gènes***.

Le procédé consiste à « enduire » des microbilles de tungstène, d'or ou de platine (d'un millième de millimètre de diamètre), avec de la construction génétique artificielle (que l'on souhaite introduire dans des cellules de plante). A l'aide du canon à gènes, les cellules végétales en culture sont alors bombardées par ces microbilles recouvertes de la CGA. Les microbilles traversent les cellules végétales, laissant éventuellement au passage à l'intérieur des cellules de l'ADN « étranger » qui va aller s'intégrer quelque part dans les chromosomes de la plante.

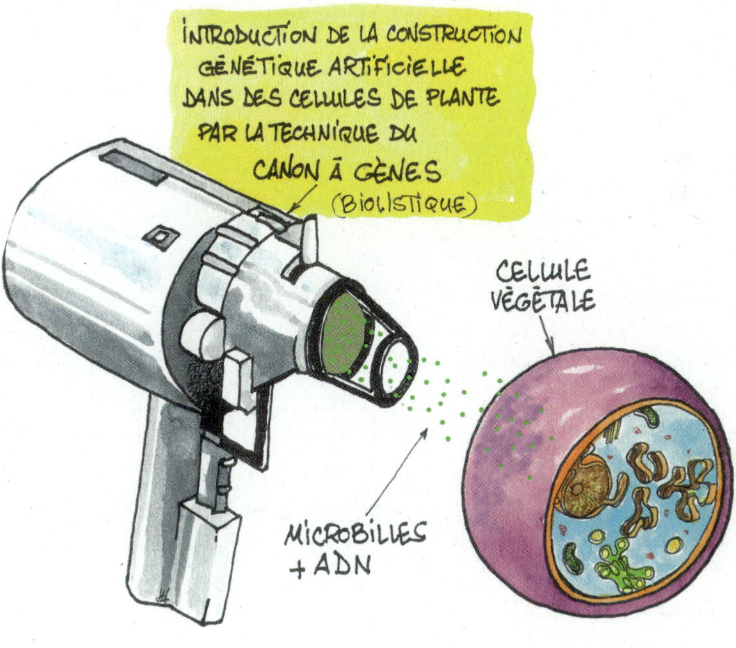

Là encore, j'imagine mal que l'on puisse rentrer dans un bloc opératoire et voir le chirurgien avec ce type d'outil…

Je sais que le terme « chirurgical » est utilisé à toutes les sauces : on parle même de « guerre chirurgicale ». On s'empresse alors de préciser qu'il peut néanmoins y avoir des « dégâts collatéraux ». Comme on le verra au chapitre VII (**L'équivalence en substance : une notion scientifiquement absurde**), avec la transgenèse aussi, il peut y avoir des « dégâts collatéraux »…

II. OGM ET RECHERCHE FONDAMENTALE

« La véritable science enseigne, par dessus tout, à douter et à être ignorant»

Miguel de Unamuno
Le Sentiment tragique de la vie

Depuis que la technologie OGM existe, c'est-à-dire depuis le milieu des années 70, la recherche fondamentale (en biologie bien sûr) en a toujours été le principal domaine d'utilisation. Encore aujourd'hui, quand un généticien moléculaire fait de la recherche fondamentale (activité certes en voie de disparition), il n'y a pas une semaine où il n'utilise pas ou ne fabrique pas des OGM : c'est véritablement une technologie utilisée de

façon routinière dans les laboratoires. Et il est important de le savoir car ça permet de mieux comprendre pourquoi un certain nombre de biologistes assure, en toute honnêteté, que la technologie OGM est parfaitement maîtrisée et sans risque. La routine d'une pratique conduit inévitablement à une banalisation des risques qu'elle peut engendrer, et cette dérive n'est bien sûr pas propre à la science. Or, la maîtrise d'un procédé ou d'une pratique ne signifie en rien que l'on en maîtrise les conséquences.

La recherche fondamentale, quelle que soit la discipline, a pour but de comprendre comment ça marche, d'acquérir des connaissances indépendamment de toute autre finalité, de toute application. En biologie, il s'agit de décortiquer et de comprendre les processus biologiques, c'est-à-dire les chaînes de montage et de démontage dans les usines cellulaires. Pour cela, il nous faut donc identifier les ouvriers qui travaillent sur ces chaînes, c'est-à-dire les protéines. Et comme le secret de fabrication des protéines est contenu dans les gènes, il nous faut identifier les gènes. La recherche fondamentale en génétique moléculaire s'appuie sur deux grandes démarches.

La première s'inscrit dans ce qu'on appelle la génétique classique : nous disposons d'une fonction (une chaîne de montage ou de démontage) et nous cherchons à identifier les gènes qui détiennent le secret de fabrication des protéines — des ouvriers — qui assurent cette fonction. En fait, il s'agit le plus souvent d'une perte de fonction car nous prenons en général conscience de l'existence d'une fonction que lorsque celle-ci a été perdue. Si cette perte de fonction est d'origine génétique (ce qui n'est bien sûr pas toujours le cas), nous recherchons alors le (ou les) gène(s) qui, lorsqu'il(s) est (ou sont) abîmé(s), fait (ou font) que cette fonction a été perdue. La séquence du gène a été altérée (les quatre lettres A, G, C, et T ne sont plus dans le bon ordre). Il en résulte alors une modification de la nature et de l'ordre d'enchaînement des perles des protéines correspondantes. Ces protéines, absentes, ou malformées, ne peuvent alors plus assurer leur fonction.

La seconde démarche, qui correspond à ce qu'on appelle la génétique inverse, consiste au contraire à rechercher la (ou les) fonction(s) d'un gène qui a (ou ont) été identifiée(s) (par une approche informatique par exemple : cf. chapitre I). Autrement dit, nous disposons d'un gène mais nous ne connaissons pas le (ou les) processus biologique(s) dans le(s)quel(s) il est impliqué, la (ou les) protéine(s) dont il détient le secret de fabrication, et le rôle de ces protéines dans la cellule : sur quelle(s) chaîne(s) de montage ou de démontage interviennent ces ouvriers dans l'usine cellulaire ?

Dans chacune de ces deux grandes démarches (recherche des gènes liés à une fonction ou identification des fonctions d'un gène donné), la technologie OGM fait partie des outils classiques auxquels nous avons systématiquement recours. Et c'est ce que je vais développer et illustrer maintenant, non pas à travers les deux démarches (car ça n'aurait pas beaucoup d'intérêt pour le propos qui nous préoccupe ici, le but étant simplement de donner un exemple concret qui permet de comprendre la raison de l'utilisation routinière de la technologie OGM en recherche fondamentale), mais à travers la seconde par exemple : nous disposons d'un gène et nous recherchons sa (ou ses) fonction(s).

Nous allons imaginer que nous recherchons à élucider la (ou les) fonction(s) d'un gène donné de lapin. Ce gène a été identifié (peu importe comment) sur l'un des 23 chromosomes différents que compte chaque cellule de cette espèce animale.

D'une manière générale, pour élucider le (ou les) rôle(s) d'un gène, nous avons recours à une approche expérimentale qui consiste à étudier les conséquences sur l'organisme (ici, le lapin) de l'inactivation du gène en question. Pour imager cette approche, considérons que nous découvrons un moteur de voiture. Nous y voyons de la porcelaine blanche dont on nous dit qu'il s'agit des bougies, mais nous ne savons absolument rien du rôle de ces fameuses bougies dans le moteur. La démarche (qui peut paraître brutale mais qui est celle que nous utilisons) consiste à casser les bougies (à l'aide d'un marteau par exemple). Constatant alors que la voiture ne démarre plus, nous en déduisons que les bougies sont impliquées dans le processus d'allumage.

De la même manière, si l'inactivation de notre gène de lapin résulte par exemple en une stérilité de l'animal, nous en déduirons que le gène en question est nécessaire à sa fertilité. A défaut d'élucider précisément et définitivement la fonction (ou l'une des fonctions) d'un gène, cette démarche permet au moins d'ouvrir des pistes, d'affiner des hypothèses sur la (ou les) fonction(s) recherchée(s), et ainsi de développer les stratégies de recherche appropriées qui permettront alors de démontrer sans ambiguïté l'implication du gène en question dans tel ou tel processus.

Il nous faut donc, dans un premier temps, isoler le gène d'intérêt à partir de l'ensemble des chromosomes de l'organisme étudié, ce qui implique, avant tout, d'extraire les chromosomes en question à partir de cellules de cet organisme (ici, le lapin). Il s'agit le plus souvent, pour les animaux, de cellules sanguines car il est évidemment très facile de prélever du sang à partir duquel on peut aisément obtenir de grandes quantités d'ADN. Mais les chromosomes peuvent être extraits de n'importe quelles cellules et à partir de très petits échantillons : dans la police criminelle, par exemple, on peut extraire de l'ADN à partir d'un cheveu trouvé sur une moquette ou d'un bout de peau resté sous l'ongle d'une victime (ou encore à partir de quelques cellules prélevées à

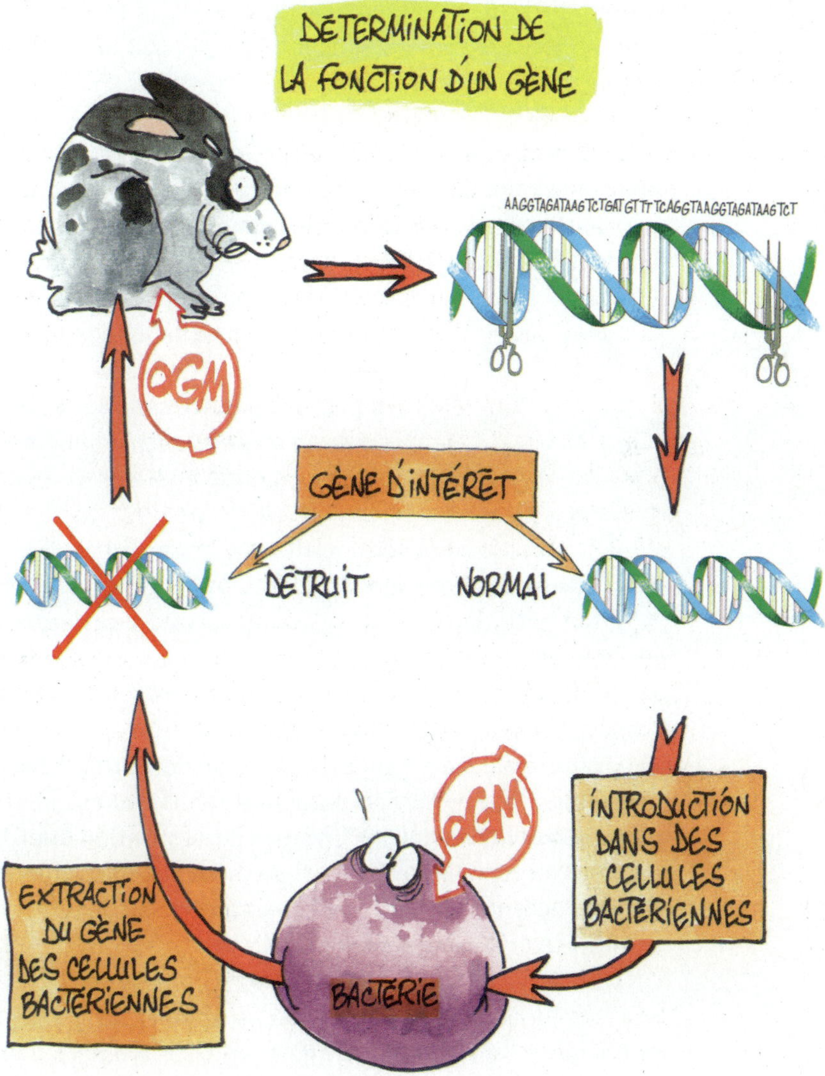

DÉTERMINATION DE LA FONCTION D'UN GÈNE
AAGGTAGATAAGTCTGATGTTTTCAGGTAAGGTAGATAAGTCT
OGM
GÈNE D'INTÉRÊT
DÉTRUIT
NORMAL
OGM
INTRODUCTION DANS DES CELLULES BACTÉRIENNES
EXTRACTION DU GÈNE DES CELLULES BACTÉRIENNES
BACTÉRIE

l'aide d'un coton-tige sur la surface interne de la joue, lors d'une garde à vue, pour les dangereux criminels qui doivent se soumettre à un fichage ADN tels que les délinquants sexuels et les faucheurs volontaires d'OGM...).

Une fois l'ADN de l'organisme étudié extrait, le gène d'intérêt est « récupéré » grâce à des « ciseaux moléculaires ». Il s'agit en fait d'enzymes (que l'on appelle des ***enzymes de restriction***), c'est-à-dire de protéines douées d'une activité particulière : celle de couper la double hélice d'ADN en des endroits très précis (déterminés par une séquence spécifique, c'est-à-dire un ordre d'enchaînement spécifique des quatre lettres A, G, C, T).

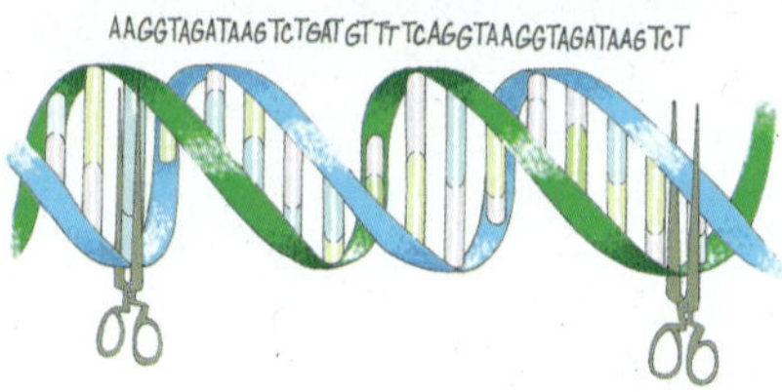

Ces enzymes sont purifiées à partir de bactéries chez lesquelles elles ont bien sûr un rôle naturel, rôle que l'on a exploité pour en faire des outils au service du chercheur. Le généticien moléculaire dispose alors, dans son congélateur à -20°C, de toute une batterie d'enzymes de restriction, tout comme le mécanicien dispose de toute une série de clés plates ou clés à pipe. Alors que ce dernier choisit la clé adéquate en fonction du diamètre du boulon, le généticien moléculaire choisit l'enzyme de restriction appropriée en fonction de l'endroit où il veut couper la double hélice d'ADN : une enzyme qui coupe en amont du gène d'intérêt et une enzyme qui coupe en aval.

L'inactivation d'un gène — le coup de marteau sur la bougie — se fait *in vitro* (dans un tube à essai). C'est un processus qui nécessite plusieurs étapes, et à chaque étape, il nous faut disposer du gène en grande quantité. Pour en obtenir des grandes quantités, l'astuce consiste à introduire ce gène dans une bactérie. Il s'agit d'une bactérie « gentille » (appelée ***Escherichia coli***) qui vit naturellement dans notre intestin et qui constitue, elle aussi, un outil incontournable du chercheur bidouilleur d'ADN (tous les laboratoires de génétique moléculaire possèdent cette bactérie en stock dans leurs congélateurs à -80° C). Comme nous l'avons vu au chapitre précédent (cf. chapitre I : Quelques « petites » remarques d'importance), l'introduction d'ADN « étranger » dans la bactérie est techniquement très facile : on peut avoir recours à l'électroporation, c'est-à-dire à un choc électrique de 2500 volts pendant une fraction de seconde occasionnant, dans la paroi des cellules, des trous par lesquels l'ADN « étranger » peut pénétrer. En incluant les petits préparatifs qui doivent être faits avant, et les quelques manipulations nécessaires après l'électroporation, c'est un protocole qui ne prend que deux heures environ : si l'on commence à 16 Heures, à 18 Heures, on dispose des cellules de bactéries contenant le gène « étranger » d'intérêt (ici, le gène de lapin).

En quoi l'introduction de notre gène d'intérêt dans cette bactérie permet-elle d'obtenir le gène en question en grande quantité ? C'est tout simplement dû au fait que cette bactérie (organisme unicellulaire) se multiplie toutes les 30 minutes environ pourvu qu'elle dispose de tout ce dont elle a besoin pour se nourrir (sucre, azote, vitamines, ...) et qu'elle se trouve à la température de 37° C (c'est-à-dire celle de notre intestin où elle vit normalement) qui est sa température optimale. En fin de journée, avant de quitter le laboratoire, nous inoculons, dans un petit tube, environ 3 millilitres d'un milieu de culture approprié (comprenant tous les éléments nutritifs dont a besoin notre bactérie) avec quelques cellules bactériennes ayant reçu le gène de lapin. Le tube est alors incubé toute la nuit à 37° C. Si, quand on quitte le laboratoire, par exemple à 19H, le tube contient 1000 bactéries (ce qui est très peu et qui ne se voit pas à l'œil nu : le milieu de culture est limpide et on a l'impression de n'y avoir rien ajouté), à 19H30, il en contiendra alors 2000 ; à 20H, 4000 ; à 20H30, 8000 ; à minuit, 1 million ; à 1 heure du matin, 4 millions, etc. Et le lendemain, quand on revient au laboratoire, le tube contient un énorme culot comprenant plusieurs milliards de cellules. Et comme toutes ces cellules se sont multipliées à partir de celles ajoutées la veille qui contenaient le gène de lapin, elles contiennent toutes ce gène de lapin : on dispose alors d'une grande quantité de notre gène d'intérêt de lapin. On peut alors « récolter » les bactéries, les éclater, en extraire le gène de lapin (que l'on est capable de séparer des gènes naturels de la bactérie). Celui-ci pourra alors être manipulé *in vitro* pour l'inactiver (le rendre inopérant) par une technique dont je passe les détails, mais qui consiste, grosso modo, à rajouter des lettres A, G, C, T en plein milieu du gène : on casse alors le message génétique. C'est un peu, en quelque sorte, comme si on rajoutait la recette de la tarte aux poireaux au milieu d'un texte de Baudelaire : on perdrait la poésie.

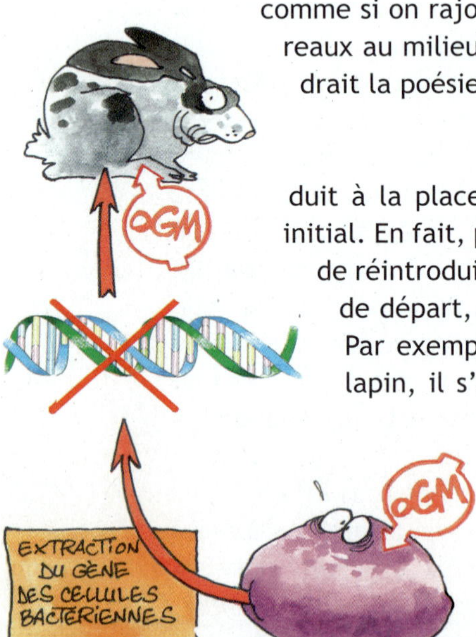

Le gène inactivé est alors réintroduit à la place du gène normal dans l'organisme initial. En fait, pour être plus précis, il ne s'agit pas de réintroduire le gène inactivé dans l'organisme de départ, mais de faire un nouvel organisme. Par exemple, pour reprendre le cas de notre lapin, il s'agira de remplacer le gène normal par le gène inactif dans les cellules souches embryonnaires (c'est-à-dire des cellules embryonnaires pas encore spécialisées, et donc issues d'un stade très précoce du développement de l'embryon), de telle sorte que chacune des milliards de cellules du futur lapereau ait la version inactive de notre gène d'intérêt. On comparera alors le nouveau lapin ainsi obtenu au lapin de départ. S'il n'entend plus, on en déduira que l'on a probablement touché un gène impliqué dans l'audition ; s'il est aveugle, un gène nécessaire à la vision ; s'il est stérile, un gène impliqué dans le processus de fertilité, etc. Ce n'est pas toujours aussi simple : parfois, l'inactivation d'un gène n'engendre aucun effet visible (en tout cas dans les conditions de laboratoire). Il faut alors en inactiver deux, trois ou plus pour engendrer des conséquences observables sur l'organisme étudié. Parfois, c'est le contraire : on inactive un gène, et les effets sont multiples : le lapin n'entend plus, ne voit plus et est devenu stérile…

Toujours est-il qu'au cours de cette démarche, nous avons bien fabriqué des OGM puisque nous avons introduit un gène de l'organisme étudié (ici, le lapin) dans la bactérie *Escherichia coli*. Celle-ci est alors devenue transgénique puisqu'elle héberge un gène provenant d'une autre espèce. Mais il y a un autre OGM qui a été fabriqué au cours de cette démarche. Il s'agit du nouveau lapin dont on a inactivé un gène. Alors que nous n'avons pas nécessairement introduit de gène « étranger » dans ce lapin (le processus d'inactivation d'un gène implique parfois l'introduction d'un transgène mais ce n'est pas systématique), ses caractéristiques génétiques initiales ont bien été modifiées de façon non naturelle (c'est-à-dire par intervention de la main de l'homme) non pas par addition mais par suppression d'un gène : chacune de ses milliards de cellules est dotée d'un gène de moins. Il s'agit donc bien d'un OGM, mais non transgénique cette fois (cf. chapitre I : **Définition**).

Bien sûr, ce n'est pas parce que ces techniques sont utilisées de façon routinière dans les laboratoires de génétique moléculaire depuis plusieurs dizaines d'années, et qu'elles contribuent à l'avancée des connaissances, qu'elles sont incontestables.

D'abord, cette technologie OGM, qui n'est qu'un outil parmi d'autres au service du chercheur biologiste, a, comme tous les autres outils utilisés, ses avantages mais aussi ses limites. Et comme tout outil, il ne peut avoir d'intérêt que s'il est utilisé en complémentarité avec d'autres. On ne peut pas demander à un mécanicien de démonter un moteur en ne lui mettant à disposition qu'une seule et unique clé de 10. Par exemple, déduire qu'un gène est impliqué dans l'audition au prétexte que l'animal chez lequel il est inactivé devient sourd, c'est pour le moins aller un peu vite en besogne : ça peut être la conséquence d'effets très indirects qui résultent d'une suite d'événements en cascade. Quand on marche sur la queue d'un chien, le chien aboie ; on n'en déduit pas pour autant qu'il aboie avec sa queue ! Comme je l'ai précisé plus haut, l'inactivation d'un gène ne sera donc qu'une première étape qui permettra d'émettre des hypothèses sur les fonctions de ce gène, et il sera indispensable de développer d'autres stratégies de recherche complémentaires pour confirmer ou infirmer les hypothèses en question.

Ensuite, l'utilisation de cette technologie, quel qu'en soit le domaine, pose inévitablement des questions éthiques, notamment lorsqu'on travaille avec des animaux. Se pose alors la question plus générale du droit à utiliser l'animal au service de l'homme, que ce soit pour acquérir des nouvelles connaissances, pour servir de modèle à l'étude de maladies humaines (cf. chapitre III : **Animaux transgéniques pour l'étude de maladies humaines**), ou encore pour servir d'outil de distraction dans une arène avec un boucher habillé en paillettes...

Chacun se fera bien sûr son opinion sur la question. Mais quoi qu'on puisse en penser, il est important, même quand on s'intéresse spécifiquement à la problématique des OGM agro-alimentaires, de savoir que ces OGM utilisés comme des outils à des fins de recherche fondamentale existent : ça fait partie du débat et c'est essentiel d'en être informé pour ne pas, encore une fois, tomber dans le piège de certains amalgames, l'introduction des OGM dans l'agro-alimentaire engendrant inévitablement des questions nouvelles et des risques nouveaux (cf. chapitres V et VI).

III. OGM ET MÉDECINE

« Les premières pages du catalogue des génomes qui s'étendra à l'infini, comme la tour de Babel vers le ciel, crient la nécessité d'une autre science »

Jean-Jacques Kupiec et Pierre Sonigo
Ni Dieu ni gène

Je n'ai bien sûr pas été exhaustif sur l'utilisation de la technologie OGM en recherche fondamentale, et je ne le serai pas plus pour le domaine médical car il y a de nombreux aspects de l'utilisation de cette technologie au service des activités médicales et pharmaceutiques.

Je me contenterai de seulement quelques exemples que j'ai choisis d'une part parce qu'ils nous concernent dans notre vie de tous les jours, et d'autre part parce qu'ils s'inscrivent dans des secteurs du domaine médical ou pharmaceutique où la transgenèse est très utilisée.

Production de protéines d'intérêt pharmaceutique

L'un de ces secteurs concerne la production de protéines d'intérêt pharmaceutique que l'on appelle encore des « protéines-médicaments » et parmi lesquelles on trouve notamment des vaccins.

Toute protéine a bien sûr une ou plusieurs fonction(s) naturelle(s) précise(s) (cf. chapitre I : **Quelques notions indispensables**). Il est parfois possible d'exploiter l'une de ces fonctions à des fins thérapeutiques et donc de faire de ces protéines en question, des médicaments destinés à des enfants, à des adultes, ou encore à des animaux (beaucoup de protéines d'intérêt pharmaceutique sont également utilisées en clinique vétérinaire). Les protéines sont de très grosses molécules – les fameux « colliers de perles » (cf. chapitre I : **Quelques notions indispensables**) – qu'il est impossible de synthétiser chimiquement *in vitro*. Il faut alors les extraire et les purifier à partir des organismes qui les fabriquent naturellement, ce qui est souvent techniquement difficile et insatisfaisant en terme de quantité. De plus, ce procédé est également source de risques sanitaires importants en raison d'éventuels agents infectieux qui peuvent accompagner la protéine d'intérêt lors du processus d'extraction et conduire ainsi à des infections chez les humains ou les animaux destinataires du médicament en question. Dans un certain nombre de cas, la technologie OGM a permis de surmonter ces difficultés en offrant la possibilité de produire de telles protéines d'intérêt avec de très gros rendements tout en s'affranchissant des risques d'infections croisées.

Je vais en donner ici un exemple concret avec la production d'insuline, une hormone permettant de traiter les diabétiques insulino-dépendants, puis je donnerai une autre illustration de l'utilisation de la technologie OGM pour l'obtention de « protéines-médicaments » avec la production de vaccins.

Production d'insuline

L'insuline est la première « protéine-médicament » produite par technologie OGM.

Il s'agit d'une hormone fabriquée par le pancréas et qui permet de réguler le taux de sucre dans le sang (glycémie). Le sucre, comme beaucoup d'autres composés, nous est apporté par l'alimentation. Une fois dans l'intestin, il passe dans le sang qui le distribue à toutes les cellules du corps qui en ont besoin. Mais le sucre ne passe pas spontanément du sang aux cellules : son entrée dans les cellules nécessite une aide hormonale qui est assurée par l'insuline.

Par conséquent, quand le taux de sucre dans le sang augmente (après un repas notamment), le pancréas fabrique alors de l'insuline qui va permettre d'approvisionner les cellules en sucre, et ainsi de ramener la glycémie à un taux normal. Or, certaines personnes sont victimes d'une déficience d'insuline : leur pancréas n'en fabrique pas suffisamment (voire pas du tout) ou fabrique une insuline défectueuse. Ces personnes présentent alors une glycémie anormalement élevée pendant des temps beaucoup trop longs, avec les conséquences que l'on sait : c'est le diabète insulino-dépendant.

Pour soigner ces diabétiques, il n'est pas possible d'avoir recours au don d'insuline. En effet, comme la plupart des hormones, l'insuline est fabriquée juste dans les quantités dont on a besoin. Par conséquent, prendre l'insuline à un bien-portant pour l'administrer à un diabétique reviendrait à « déshabiller Pierre pour habiller Jacques ». La solution a alors consisté à recourir à de l'insuline de porc qui présente une très grande ressemblance avec l'insuline humaine :

les deux protéines en question — les deux colliers de perles (cf. chapitre I) — ne diffèrent que par un seul acide aminé — une seule perle : une perle bleue à la place d'une rouge par exemple. Bien que, pendant de nombreuses années, l'administration d'insuline de porc aux patients atteints de diabète insulino-dépendant a permis de réguler leur glycémie, et donc de pallier leur déficience, elle s'est avérée présenter des limites.

Tout d'abord, l'approvisionnement : étant donné le nombre croissant de diabétiques dans nos sociétés occidentales, il fallait disposer d'un nombre considérable de porcs pour satisfaire les besoins (d'autant plus que, comme l'humain, le porc ne constitue pas une réserve infinie d'insuline : il la fabrique lui aussi juste dans les quantités dont il a besoin).

L'autre limite fut d'ordre sanitaire. La petite différence chimique entre l'insuline de porc et l'insuline humaine — la perle bleue à la place de la perle rouge —, que l'on croyait initialement être sans conséquence, s'est avérée être à l'origine d'une intolérance à l'insuline de porc de la part de certains patients qui s'administraient cette insuline tous les jours, voire plusieurs fois par jour. Cette intolérance a concerné très peu de patients, mais c'était bien sûr dramatique pour eux puisqu'ils ne pouvaient plus se soigner. Or un diabète non traité peut rapidement conduire à des conséquences très lourdes (cécité, amputations, ...).

La solution est alors venue de la technologie OGM. Je ne sais pas si je dois dire « la solution » ou « une solution » car dans ce domaine comme dans beaucoup d'autres, nous n'avons jamais la certitude que toutes les alternatives ont été explorées, et que la technologie développée est bien celle qui offre le meilleur rapport bénéfices/risques. C'est souvent conditionné par des enjeux financiers (on choisit la technique qui offre le meilleur retour sur investissement) et par la mode technologique du moment (la science n'échappe pas à la mode). C'est en tout cas la solution à laquelle nous

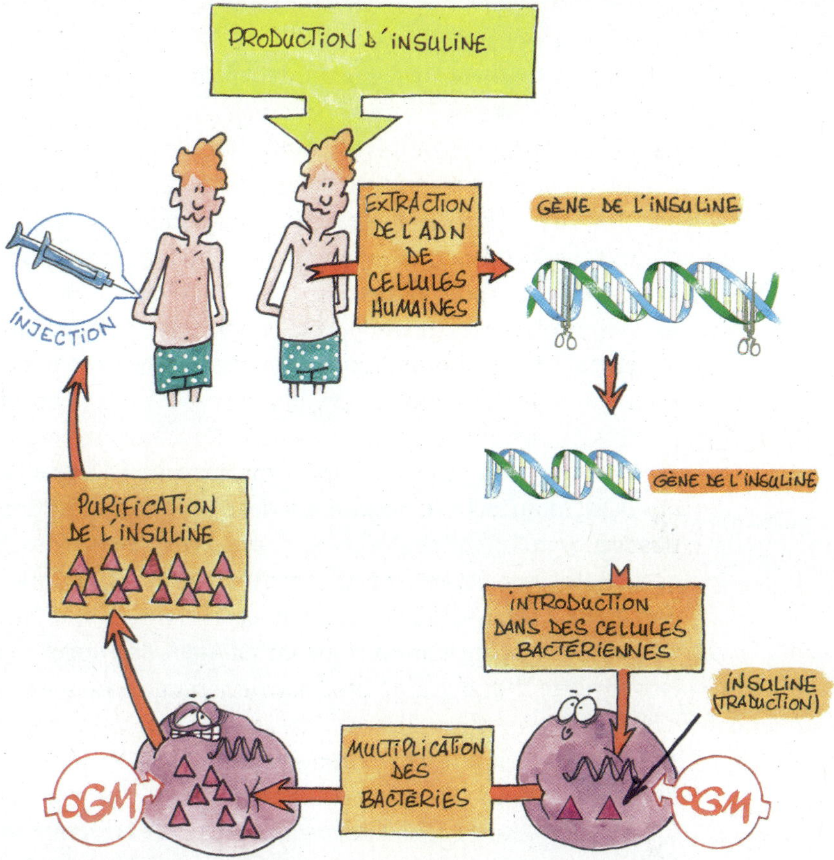

avons recours aujourd'hui.

Le gène humain détenant le secret de fabrication de l'insuline a pu être identifié dans le milieu des années 1970 (nous n'avions pas, bien sûr, à cette époque, accès au « livre génétique » de l'homme mais nous étions quand même en mesure d'identifier certains gènes). Ce gène (dont la traduction conduit donc à la synthèse de la protéine insuline schématisée sous la forme d'un triangle rouge) a alors été purifié à partir de l'ADN d'un homme en bonne santé (en tout cas non diabétique), toujours grâce à l'utilisation des fameux « ciseaux moléculaires » – ***les enzymes de restriction*** – (cf. chapitre II).

Il a ensuite été introduit dans une bactérie (toujours *Escherichia coli*) comme nous l'avons vu au chapitre précédent. Mais cette fois, cette bactérie est cultivée non pas dans un tube de 3 millilitres, mais dans des fermenteurs de 600 litres (c'est-à-dire à une échelle industrielle). Et non pas pendant une nuit mais pendant plusieurs jours, en apportant en permanence tous les éléments nutritionnels nécessaires à la multiplication des bactéries afin que le milieu de culture ne s'épuise pas, et le tout à 37°C (qui, je le rappelle, est la température optimale pour cette bactérie puisqu'elle vit normalement dans notre intestin).

Ce qu'on obtient ainsi après plusieurs jours de culture, c'est non pas un simple culot de cellules comme nous l'avons vu au chapitre précédent, mais des kilos et des kilos de cellules qui toutes, parce qu'elles se sont multipliées à partir des cellules de départ qui contenaient le gène humain de l'insuline, contiennent le gène humain de l'insuline. Le langage génétique étant universel (cf. chapitre I : **Quelques notions indispensables**), toutes ces cellules prennent alors le gène en question à leur propre compte, le décodent et fabriquent ainsi l'insuline humaine. Nous disposons donc d'une gigantesque quantité de cellules bactériennes devenues de véritables usines à insuline. Ces cellules sont alors éclatées pour en extraire l'insuline qui est ensuite purifiée, conditionnée sous forme de médicaments, et administrée à des diabétiques insulino-dépendants.

C'est ainsi qu'est fabriqué depuis 1982 l'essentiel de l'insuline disponible en pharmacie. Nous avons bien, au cours de ce processus, fabriqué des OGM puisque nous avons introduit un gène humain dans la bactérie *Escherichia coli*. Il s'agit, comme dans l'exemple développé au chapitre précédent, d'une bactérie transgénique étant donné qu'elle héberge un gène provenant d'une autre espèce (ici, l'espèce humaine).

Production de vaccins

Pour comprendre en quoi la technologie OGM est utilisée comme une alternative dans la production de vaccins, permettez-moi, dans un premier temps, de faire (sans jeu de mots) un petit rappel sur le principe de la vaccination.

Nous (les humains, et les animaux en général) sommes tous la cible d'un certain nombre d'agents infectieux qui sont pour l'essentiel des bactéries ou des virus. Prenons l'exemple d'un virus qui est en fait une capsule de protéines (appelée ***capside***) dans laquelle est enfermée son information génétique (le plus souvent restreinte à une seule molécule d'ADN de petite taille). Quand un virus pénètre dans un organisme, il est reconnu par ce dernier comme un « corps étranger ». L'organisme en question va alors se défendre en faisant fabriquer par ses cellules spécialisées dans la défense immunitaire des ***anticorps*** (que l'on appelle aussi des ***immunoglobulines***), c'est-à-dire des protéines particulières dirigées spécifiquement contre des protéines cibles reconnues comme « étrangères » à l'organisme. Il s'agit ici de protéines de la capside (la protéine de surface du virus représentée sous la forme de petites « épines » noires).

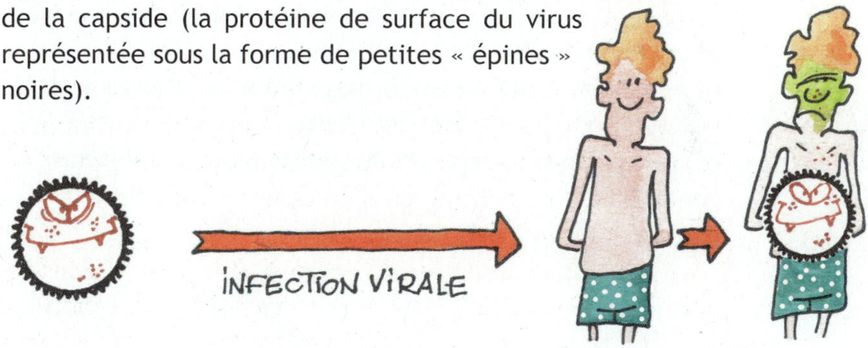

En se fixant sur cette protéine de surface, les anticorps vont permettre de neutraliser le virus. Le souci est que la fabrication de ces anticorps n'est pas instantanée, et demande au contraire un délai important pendant lequel le virus peut en profiter pour envahir les cellules cibles de l'organisme concerné, et se multiplier. C'est alors, en quelque sorte, le virus qui gagne au détriment de l'organisme en question qui est, par conséquent, victime des effets du virus.

La vaccination consiste à faire en sorte que les humains ou les animaux susceptibles d'être la cible d'un agent infectieux donné soient déjà dotés des anticorps dirigés contre lui et donc prêts à le neutraliser en cas d'infection. Les premières vaccinations ont consisté à injecter volontairement, aux personnes ou aux animaux que l'on souhaite protéger, l'agent infectieux concerné mais après l'avoir affaibli (on dit « atténué ») ou inactivé, notamment par un traitement physique (à la chaleur ou aux rayons Ultra Violets par exemple). Ce virus, ou autre agent pathogène, est toujours reconnu comme « corps étranger » et va donc stimuler la défense immunitaire (c'est-à-dire la synthèse d'anticorps spécifiques) chez l'organisme concerné, comme dans le cas d'une véritable infection. Mais en raison de son affaiblissement (de son « atténuation »), le virus ne peut profiter du temps que nécessite la fabrication des anticorps pour envahir ses cellules cibles et se multiplier. Par conséquent, le jour où le vrai virus (en pleine forme) s'attaque à l'organisme en question, celui-ci est déjà doté de son bagage d'anticorps spécifiques prêts à intervenir et à le neutraliser : il est vacciné.

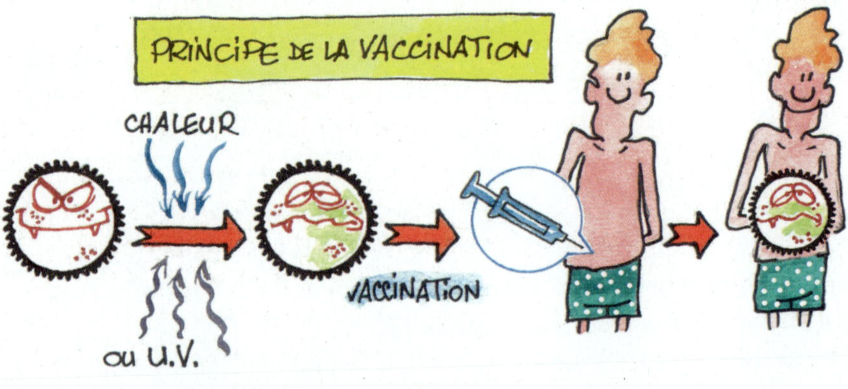

Cependant, il est arrivé que le virus que l'on croyait atténué soit en fait en pleine forme, et le processus de vaccination se transformait alors en une contamination par ce virus.

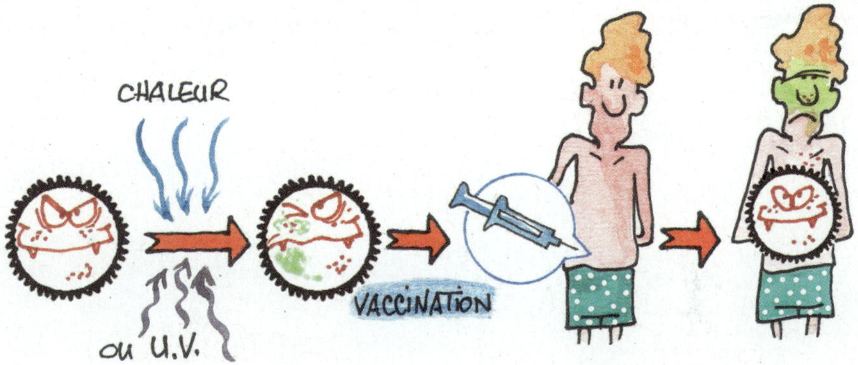

Dès la fin des années 1980, une alternative est venue de la technologie OGM. Le gène viral détenant le secret de fabrication de la protéine de surface du virus peut être isolé, toujours grâce à l'utilisation des fameux « ciseaux moléculaires » (cf. chapitre II). Ce gène (qui, lorsqu'il est traduit, conduit donc à la synthèse de cette protéine de surface) est alors introduit, non pas dans des cellules de bactéries cette fois, mais dans d'autres cellules comme des cellules de levures que l'on peut également multiplier à grande échelle dans des fermenteurs. La raison pour laquelle on a recours ici à des levures plutôt qu'à des bactéries est que ces dernières, dont le fonctionnement est très éloigné de celui des organismes dits « supérieurs », présentent un certain nombre de limites qui empêchent parfois de réaliser certaines protéines correctement.

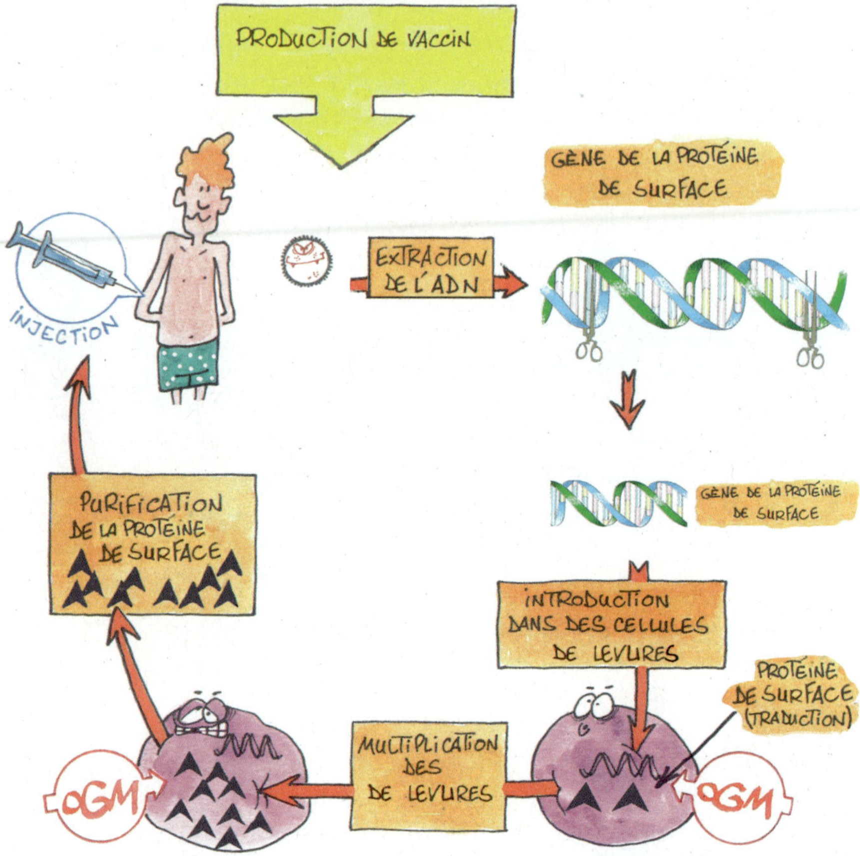

Encore une fois, le langage génétique étant universel, les cellules de levure prennent le gène viral à leur propre compte, le décodent, et fabriquent ainsi la protéine virale de surface. On peut alors éclater les cellules de levure, et en extraire cette protéine virale qui sera alors conditionnée pour être injectée à des individus que l'on souhaite vacciner contre le virus en question. En effet, cette protéine est celle qui, au niveau de la capside virale, est visible de l'extérieur et donc reconnue comme « corps étranger ». En injectant cette protéine, on stimule donc la défense immunitaire, c'est-à-dire la synthèse d'anticorps spécifiquement dirigés contre elle (et donc contre le virus), sans prendre le risque de contaminer l'individu ou l'animal par le virus en question puisque celui-ci n'est pas injecté en tant que tel.

Bien sûr, ceci ne signifie pas pour autant que ce vaccin, comme tout médicament, sera forcément dénué d'effets secondaires importants. Par exemple, d'éventuels défauts de repliement de la protéine de surface dans les cellules de levure pourraient entraîner des conséquences totalement imprévisibles (cf. chapitre I : **Quelques « petites » remarques d'importance**). Mais au delà des inconvénients intrinsèques à la technique de transgenèse en particulier, et quoi qu'on puisse penser de la vaccination en général, cette approche est, du simple point de vue du concept, *a priori* très séduisante puisqu'elle permet de vacciner sans avoir recours à l'agent infectieux lui-même. De quoi provoquer une érection posthume à Pasteur !

Quelques remarques générales relatives aux «protéines-médicaments»

L'insuline et certains vaccins ne sont pas les seules « protéines-médicaments » obtenues par technologie OGM. C'est aussi le cas, par exemple, de l'hormone de croissance, de l'EPO (pas seulement pour doper les athlètes mais avant tout pour traiter les insuffisances rénales, les anémies sévères), des facteurs de coagulation, des interleukines pour traiter le cancer, d'immunoglobulines (anticorps), ... L'ensemble de ces protéines d'intérêt pharmaceutique, obtenues par transgenèse et que l'on appelle des ***protéines recombinantes***, représente environ 15% de la pharmacopée (soit environ un médicament sur six qui ont une autorisation de mise sur le marché). Beaucoup d'individus l'ignorent ou l'ont appris depuis peu, c'est-à-dire au détour de conférences ou d'émissions sur les OGM qui se sont multipliées depuis que ces OGM font débat, c'est-à-dire depuis qu'ils ont colonisé l'agro-alimentaire. Ceci reflète (et ce n'est malheureusement pas un scoop) le fossé de communication entre le milieu médical et pharmaceutique d'une part et les patients d'autre part. Or, il me semble que tout adulte a le droit de choisir ses thérapies et le droit de savoir notamment, sans être un médecin, un pharmacien ou un biologiste averti, comment est fabriqué le médicament qu'il consomme : par synthèse chimique, extraction à partir d'une plante, transgenèse... Des médecins ou des pharmaciens pourront toujours rétorquer qu'en ce qui concerne les médicaments obtenus par technologie OGM, le patient est averti car c'est précisé sur la boîte. Oui, c'est marqué « protéine recombinante » ! Ça nous fait une belle jambe quand on ne sait pas ce que ça signifie !

Ces protéines ne sont pas toujours produites dans des cellules de bactéries ou de levures. D'autres systèmes cellulaires en culture sont couramment utilisés : champignons filamenteux, cellules d'insectes, d'ovaires de hamster, et plus récemment des cellules végétales (essentiellement des cellules de racines de tabac ou de maïs) que l'on peut également multiplier à grandes échelles dans des fermenteurs clos (cf. ci-dessous : *Pourquoi avoir recours à des « plantes-médicaments » ?*).

Si la production de « protéines-médicaments » par transgenèse a effectivement permis de surmonter un certain nombre de difficultés tant d'un point de vue technique que vis-à-vis de certains aspects sanitaires (infections croisées par exemple), je me garderais bien pour autant de dire que c'est une alternative formidable et sans risque. Je reproche trop souvent à beaucoup de mes collègues de ne pas être suffisamment critiques et prudents, vis-à-vis des diverses technologies en général et concernant les OGM agro-alimentaires en particulier, pour me permettre de telles affirmations. Dans le cas de l'insuline, nous avons 25 ans de recul, et ça s'est plutôt bien passé. En revanche, il y a d'autres exemples où des doutes sérieux persistent. C'est le cas notamment du vaccin recombinant contre l'hépatite B (Engerix

B) qui a été produit dans la levure de boulangerie, et qui est soupçonné d'être lié à l'apparition de sclérose en plaques chez un certain nombre de patients [1, 2][4]. Certes, l'origine de ce supposé lien de causalité n'a pas été élucidée et nous ne savons pas si cela pourrait être dû au mode d'obtention du vaccin, c'est-à-dire à la technique de transgenèse elle même (par exemple un mauvais repliement de la protéine de surface dans les cellules de levure), ou à d'autres facteurs tels que la présence d'hydroxyde d'aluminium dans les adjuvants de ce vaccin (autre hypothèse avancée).

4 Les numéros entre crochets renvoient à des références bibliographiques ou liens internet qui sont répertoriés à la fin de ce livre.

Toutefois, tout médicament, quel que soit son mode d'obtention (synthèse chimique, extraction à partir d'une plante, transgenèse, ...), fait d'abord l'objet d'une évaluation longue et rigoureuse au cas par cas (sur des cellules en culture, sur des animaux, puis sur des humains : essais cliniques de phases I, II, III et IV). Et une fois que le médicament obtient son autorisation de mise sur le marché (AMM)[5], il y a encore un suivi car il y a une ordonnance : on peut donc savoir qui n'en consomme pas, qui en consomme, à quelle dose et à quelle fréquence. Par conséquent, si la prise d'un médicament s'accompagne d'un grave effet secondaire, on est censé pouvoir établir rapidement une corrélation de cause à effet, et donc retirer le médicament en question du... marché. Certes, dans les faits, les choses ne sont pas aussi simples car les enjeux financiers sont tels qu'on trouve toujours de bonne raisons de remettre en question ce lien de causalité, et le processus qui aboutit au retrait d'un médicament est souvent très long. Néanmoins, un certain nombre de médicaments dangereux ont pu être retirés. C'est toujours dramatique pour les patients qui ont payé de leur santé, voire de leur vie, mais le véritable suivi qu'implique la prescription médicale permet d'établir la réelle dangerosité de certains produits pharmaceutiques, et donc d'arrêter de faire de nouvelles victimes.

5 Et oui, dans notre monde marchand, le médicament, et la santé en général, sont avant tout un marché. D'ailleurs, rares sont les médecins ou pharmaciens qui parlent de leurs « patients » plutôt que de leurs « clients ». Dans mon monde idéal à moi, plutôt que AMM, on parlerait d'AMDP : autorisation de mise à disposition des patients.

Ce fut le cas notamment d'un vaccin (obtenu par transgenèse) contre les rotavirus, responsables de nombreuses diarrhées à travers le monde. Mis sur le marché aux Etats-Unis, il a été retiré en catastrophe en juillet 1999, quelques mois seulement après son autorisation, parce que des nourrissons vaccinés étaient atteints de diverticulose [3].

Pour mieux étayer leur « argumentaire » en faveur de la prétendue totale innocuité des OGM agricoles pour la santé, c'est sans sourcillier que certains collègues affirment que « *l'on consomme des médicaments sous forme d'OGM depuis le début des années 80, et ça ne nous a jamais rien fait* ». On peut difficilement faire plus malhonnête. D'une part parce que, comme nous venons de le voir, certaines « protéines-médicaments » produites par technologie OGM ont dû être retirées en raison d'effets secondaires graves, même si, encore une fois, nous n'avons pas la certitude que ces effets secondaires sont dus à la technique de transgenèse elle-même. D'autre part et surtout parce que ce ne sont pas des OGM que l'on trouve en pharmacie, mais des protéines fabriquées par des OGM. Autrement dit, ce que le patient diabétique, par exemple, se procure en pharmacie, ce n'est pas l'OGM lui-même (c'est-à-dire la bactérie dans laquelle a été introduit le gène de l'insuline humaine), mais l'insuline purifiée produite par la bactérie. Ce qui ne veut pas dire pour autant, une fois de plus, que l'on s'affranchit forcément ainsi de tout risque. Mais, comme on le verra plus tard, l'évaluation sanitaire d'un médicament n'a rien à voir avec celle des OGM agro-alimentaires (cf. chapitre VII), et ce n'est pas la même chose de manger une protéine fabriquée par un OGM que de manger l'OGM lui-même ou des produits qui en sont dérivés.

Pourquoi avoir recours aux «plantes-médicaments» ?

Les « plantes-médicaments » sont des plantes génétiquement modifiées (PGM) dans lesquelles le gène introduit artificiellement détient le secret de fabrication d'une protéine d'intérêt pharmaceutique. C'est le cas notamment du maïs transgénique de la société *Meristem Therapeutics* (implantée en Auvergne) dans lequel a été introduit un gène de chien détenant le secret de fabrication de la lipase gastrique de chien [4]. Cette enzyme – un ouvrier de l'usine cellulaire de chien – qui agit dans l'estomac (gastrique) a pour rôle de digérer des graisses (« lipase » signifie « qui digère les lipides »). Sa production dans le maïs est destinée aux enfants atteints de mucoviscidose qui souffrent, entre autres, de désordres digestifs.

Ces plantes transgéniques nous sont présentées comme une méthode révolutionnaire pour produire de tels médicaments alors qu'il y a plus de 25 ans, comme nous venons de le voir, que la technologie OGM est utilisée en laboratoire pour produire toute une tripotée de protéines à visée thérapeutique en utilisant des cellules en culture multipliées à grande échelle dans des fermenteurs entièrement clos. On ne peut donc que s'étonner que de telles plantes soient autorisées à la culture en plein champ alors que, conformément au rapport des « quatre sages » sur les essais d'OGM (Documentation française, 2003) [5] : « L'expérimentation de plantes génétiquement modifiées non alimentaires (par exemple les OGM médicaments) n'est justifiée que si la production des mêmes molécules utiles ne peut être obtenue en milieu confiné (notamment en laboratoire)... »

Les deux principaux arguments avancés pour justifier la soudaine « nécessité » d'avoir recours à la culture de telles plantes transgéniques sont d'ordre technique et économique.

Du point de vue technique, comme nous l'avons vu au chapitre I (**Quelques « petites » remarques d'importance**) les protéines ont besoin le plus souvent pour être fonctionnelles, de subir, juste après que l'enchaînement des perles est terminé, des modifications chimiques secondaires telles que l'ajout de sucres (modifications ***post-traductionnelles***). Les plantes nous sont présentées comme une excellente alternative pour la production des « protéines-médicaments » au prétexte qu'elles seraient plus aptes à réaliser ces modifications chimiques (et donc à produire une protéine « finie »). Qu'en est-il exactement ?

Premièrement, c'est du cas par cas : la levure, par exemple, fait parfois aussi bien, voire mieux, que la plante qui peut, au contraire, faire des modifications malvenues.

Deuxièmement, ces modifications peuvent également être réalisées *in vitro*, après avoir extrait et purifié la protéine « non finie » des cellules transgéniques utilisées. Par exemple, l'insuline humaine produite par transgenèse dans la bactérie depuis 1982, n'est pas fonctionnelle à la sortie du micro-organisme et doit subir des modifications *in vitro* avant d'être administrée aux diabétiques insulino-dépendants.

Troisièmement, quand bien même les végétaux constitueraient, de ce point de vue, le système idéal pour produire une protéine donnée, défiant toute concurrence de la part des micro-organismes et autres systèmes cellulaires utilisés couramment, rien ne justifie pour autant d'avoir recours à des cultures en plein champ. Il est tout à fait possible, à partir d'un morceau de plante (par exemple un morceau de racine) de régénérer une plante entière, mais également de multiplier les racines en culture, ou encore de faire en sorte que les cellules de racine se dissocient et se multiplient individuellement, offrant là encore la possibilité de les entretenir à grande échelle en culture. Ainsi, à partir d'une plante transgénique produisant une protéine d'intérêt (et obtenue à petite échelle en espace confiné), la production à grande échelle de cette protéine peut être obtenue, non pas en cultivant la plante sur des surfaces considérables, mais simplement en réalisant des cultures dans des « bio-réacteurs » du tissu (ou des cellules du tissu) dans lequel s'accumule cette protéine. Déjà 23 « protéines-médicaments » sont produites en laboratoire dans des cultures de cellules de plantes (surtout du tabac) et font aujourd'hui l'objet d'essais cliniques de différentes phases [6]. De plus, contrairement aux plantes en plein champ, la performance des cultures de cellules végétales est indépendante du climat, de la qualité du sol, des saisons et de la longueur du jour. Par ailleurs, il n'y a aucun risque de contamination du médicament avec des ***mycotoxines*** (toxines, fabriquées par des champignons, qui peuvent parfois s'accumuler dans les plantes) et des ***pesticides*** [6] abondamment utilisés pour ce type de culture afin de les préserver des mauvaises herbes, d'insectes ravageurs et autres parasites.

Quant à l'argument économique, s'il est vrai que la culture en plein champ entraîne un investissement moindre du fait qu'elle permet de s'affranchir de la structure de confinement, le calcul est biaisé car il ne tient pas compte des coûts environnementaux et sociaux qu'entraînerait une contamination par une production en champ. Par ailleurs, il faut préciser que les milieux de culture de cellules de plantes sont des milieux extrêmement simples et peu coûteux (milieux minéraux), et que lorsqu'il s'agit de cellules de racines, très souvent la protéine produite est excrétée dans le milieu de culture, ce qui simplifie grandement sa purification (et donc le coût) [6].

Par exemple, il faut un hectare du maïs transgénique de *Meristem Therapeutics* pour produire la quantité de lipase gastrique nécessaire au traitement de seulement dix enfants (il faudrait donc à terme cultiver chaque année de l'ordre de 1000 hectares de ce maïs pour assurer la production nécessaire au traitement de l'ensemble des enfants atteints de mucoviscidose en France).

En clair, cela signifie que le taux de production de lipase par pied de maïs est ridicule, et donc que le coût de purification de cette enzyme sera extrêmement élevé (il faudra purifier une protéine peu abondante à partir du mélange protéique très riche d'un organisme pluricellulaire complexe qu'est le maïs — c'est-à-dire à partir des nombreux ouvriers des usines cellulaires de maïs).

Les « plantes-médicaments » ne sont donc rien d'autres que le cheval de Troie des OGM agricoles que l'on essaie de nous imposer notamment en utilisant la vitrine médicale et en jouant de la corde sensible comme on sait si bien le faire au pays du Téléthon. Les enfants atteints de mucoviscidose sont aux plantes génétiquement modifiées ce que les enfants atteints de myopathie sont au Téléthon : un outil publicitaire pour alimenter les caisses d'une usine à gaz qui, au nom de la recherche agronomique ou sur les maladies génétiques, ne sert qu'à satisfaire l'ambition malsaine d'une poignée de techno-scientifiques (cf. chapitre IX : Le caractère anti-scientifique de la technoscience).

Cultiver de telles PGM en plein air, c'est mettre la pharmacie en plein champ et prendre évidemment le risque de la consommation incontrôlée, par des animaux ou des humains, de molécules qui nécessitent une prescription médicale. Cette préoccupation a conduit l'Académie des Sciences américaine à émettre un avis critique sur la culture en plein champ de PGM à visée thérapeutique, dans un rapport publié en janvier 2004 [7]. Pourquoi, dans ce cas précis, le modèle américain auquel on ne cesse pourtant de se référer ne nous servirait-il pas d'exemple ?

Animaux transgéniques pour l'étude de maladies humaines

De nombreux animaux génétiquement modifiés, et notamment transgéniques, sont utilisés dans les laboratoires de recherche médicale pour servir de modèles à l'étude de maladies humaines. Ce sont essentiellement des lapins, parfois des souris, le lapin étant plus proche de l'homme du point de vue de l'ensemble des fonctions biologiques.

A titres d'exemples, des souris transgéniques sont utilisées pour étudier ce qu'on appelle « les maladies à prions » (maladie de Creutzfeld-Jacob, de la vache folle, de la tremblante du mouton,...), et des lapins sont utilisés comme modèles pour l'étude de l'athérosclérose, de la cardiomyopathie familiale, de la mucoviscidose, de l'infection par le virus du SIDA, etc.

Prenons l'exemple des lapins transgéniques fabriqués pour l'étude de l'athérosclérose. L'athérosclérose est une maladie dégénérative des artères due à un dépôt de graisses (triglycérides, cholestérol) sur leur paroi. J'en profite au passage pour préciser qu'il n'y a pas de bon et de mauvais cholestérol comme on l'entend très souvent (il n'y a qu'un type de cholestérol dans la plaquette de beurre ou dans tout autre type d'aliment susceptible d'en contenir), mais des « bons » et des « mauvais » transporteurs de cholestérol dans le sang. Une fois dans le sang, le cholestérol et les triglycérides sont effectivement pris en charge par des transporteurs (qui sont des protéines appelées « lipoprotéines »). Parmi ces transporteurs, les LDL (« mauvais ») ont tendance à déposer le cholestérol sur la paroi des artères. A l'inverse, les HDL (« bons ») enlèvent le cholestérol de la paroi des vaisseaux et l'emmènent au foie, qui peut le réutiliser.

Pour mieux comprendre le processus d'athérosclérose, et pour évaluer les effets protecteurs de nouvelles substances pharmacologiques, des lapins transgéniques exprimant des gènes humains qui détiennent le secret de fabrication de lipoprotéines, soit de type LDL soit de type HDL, ont été obtenus. Ces lapins sont alors respectivement soit hyper-sensibles, soit au contraire hyper-résistants à des régimes riches en cholestérol. Notons au passage que ces lapins ont été brevetés [8], le souci premier n'étant pas, bien sûr, comme pour toute autre maladie, de traiter l'athérosclérose, mais de faire du profit en s'assurant le monopole des « outils » que peuvent représenter ces lapins dans l'étude de la pathologie en question, et ainsi des traitements qui pourraient en découler.

Animaux transgéniques pour réaliser des xénogreffes

Plusieurs centaines de personnes sont en attente d'organes à greffer. De toute évidence, les dons d'organes ne pourront jamais subvenir aux besoins des patients en attente de greffons. L'idée serait alors de réaliser, chez les patients en question, des xénogreffes, c'est-à-dire de leur greffer des organes animaux. L'animal pressenti comme donneur d'organes pour l'homme serait alors le porc, d'une part parce que, comme le lapin, il est très proche de l'homme du point de vue des fonctions biologiques, et d'autre part parce qu'il y a *a priori* très peu de maladies transmises du porc à l'homme. Le problème des xénogreffes est qu'elles se caractérisent par un rejet immédiat du greffon, chacune des cellules qui le composent étant reconnue comme étrangère par l'organisme receveur. Ce phénomène de rejet immédiat met en jeu un processus particulier du système immunitaire qui reconnaît notamment certaines protéines présentes à la surface des cellules et qui sont en quelque sorte la signature de la provenance de ces cellules. Si elles proviennent d'une autre espèce, elles sont alors immédiatement reconnues comme étrangères et détruites par le processus en question.

L'idée est alors de fabriquer des porcs transgéniques qui expriment, à la surface des cellules de leurs organes, des protéines humaines dont la fonction naturelle est de préserver les organes de l'homme contre une attaque de son propre système immunitaire. Ces protéines humaines vont ainsi empêcher (ou au moins freiner) le processus de rejet immédiat lorsque ces organes de porc sont transplantés chez l'homme. Il s'agit, en quelque sorte, de créer un leurre pour faire croire à l'organisme humain que ces organes proviennent de l'espèce humaine [9].

En France, l'INRA[6] participe à ces recherches en collaboration avec l'INSERM[7]. Des porcs, mais aussi des lapins et des souris portant les gènes humains qui détiennent le secret de fabrication des protéines humaines en question ont été obtenus. Mais ces études ont lieu essentiellement en Grande-Bretagne, aux USA et en Australie où des cœurs et des reins de tels porcs transgéniques ont été transplantés chez des singes. Ces derniers survivent alors plusieurs semaines au lieu de quelques heures (dans les cas où les organes transplantés proviennent de porcs non transgéniques) [10].

Par conséquent, le but recherché est loin d'être atteint, et il s'agit donc d'une recherche encore balbutiante. De plus, outre les nombreuses questions éthiques et juridiques que posent les xénogreffes, beaucoup d'aspects scientifiques et techniques, concernant non seulement l'ensemble

6 INRA: Institut National de la Recherche Agronomique.

7 INSERM : Institut National de la Santé Et de la Recherche Médicale.

des mécanismes de rejet (les rejets immédiats ainsi que les rejets classiques, c'est-à-dire ceux que l'on observe dans le cas de greffons humains) mais également les effets à moyen et long termes de la transgenèse sur les organes transplantés, restent à être élucidés. Se posent également les risques considérables d'infections croisées entre l'animal donneur et l'homme telles que des maladies virales dues à des virus non détectés.

Les xénogreffes sont donc encore bien loin de devenir une réalité thérapeutique, mais elles n'en sont pas moins un aspect important du débat général sur les OGM.

IV. OGM ET INDUSTRIE

« La science est devenue un moyen de la technique »

Jacques Ellul
La technique ou l'enjeu du siècle

Dans le chapitre précédent, nous avons vu que la technologie OGM pouvait être utilisée pour produire des protéines d'intérêt pharmaceutique. Mais la pharmacie n'est pas le seul secteur industriel utilisateur de protéines. De nombreuses autres industries sont de grandes consommatrices d'enzymes particulières. C'est le cas notamment de l'industrie agro-alimentaire, où de très nombreuses enzymes sont utilisées comme additifs dans l'élaboration ou la conservation de produits alimentaires, qu'il s'agisse de l'alimentation animale, des industries des boissons dont celle de la brasserie, de l'industrie laitière et fromagère, de l'industrie des produits carnés, ou encore des industries de cuisson. Mais c'est aussi le cas de l'industrie textile, de l'amidonnerie, des fabriques de papier, et de l'industrie des détergents (pour ne citer que les principaux secteurs).

Les enzymes en question sont d'origine microbienne, animale ou végétale – ce sont des ouvriers naturels des usines cellulaires de microbes, d'animaux ou de végétaux. Aller les chercher à la source, c'est-à-dire les extraire de ces cellules (en particulier des cellules animales et végétales), est souvent laborieux et coûteux en raison de la difficulté de les obtenir avec le degré de pureté désiré d'une part, et des faibles rendements d'autre part.

Pour les enzymes d'origine animale, on peut citer par exemple le cas de la chymosine (ou présure naturelle), une enzyme qui est extraite de la caillette de veau (l'une des poches de son estomac) non sevré, et qui est utilisée pour faire cailler le lait lors de la fabrication des fromages. La chymosine a pour rôle d'hydrolyser une protéine abondante du lait, la caséine, en la coupant en deux – l'enzyme « chymosine » (qui est donc elle-même une protéine) coupe le collier de perles correspondant à la caséine en deux morceaux. C'est cette coupure qui est indispensable au caillement du lait. Cette présure est obtenue par macération des caillettes séchées de veaux, abattus à 18 mois. L'extrait liquide ou pâteux obtenu constitue la présure dite naturelle reconnue par la législation française. Sa composition peut varier mais elle comprend toujours deux protéases (enzymes capables d'hydrolyser des protéines) : la pepsine et la chymosine. Cette dernière est très majoritaire (80%) et est la seule capable d'hydrolyser spécifiquement la caséine.

On peut également citer le cas de la trypsine pancréatique de porc ou de bovin utilisée dans divers secteurs d'activité pour « digérer » diverses protéines, ou encore celui de l'enzyme appelée « lysosyme », également utilisée dans différents secteurs d'activité pour dégrader les parois des cellules bactériennes, et qui est extraite du blanc d'oeuf où on la trouve naturellement en relativement grande quantité. Il faut néanmoins une tonne de blanc d'oeuf pour en obtenir 3 à 4 kilogrammes.

En ce qui concerne les sources végétales, elles sont également assez rares, mais entraînent toutefois des coûts moins élevés que les sources animales. C'est l'exemple de la papaïne extraite du papayer ou de la bromélaïne extraite de l'ananas, deux protéines utilisées comme enzymes digestives. C'est aussi le cas des amylases, utilisées pour hydrolyser l'amidon, et qui sont extraites du malt de céréales (de l'orge le plus souvent).

Il existe aussi de nombreuses enzymes d'intérêt industriel qui sont naturellement fabriquées par des microorganismes, mais ces derniers ne sont pas toujours faciles à conserver et à multiplier à grande échelle en laboratoire.

Tout comme pour les protéines d'intérêt pharmaceutique, la technologie OGM permet de produire ces protéines végétales, animales ou microbiennes dans des microorganismes génétiquement modifiés (***MGM***) couramment utilisés en laboratoire et cultivés à grande échelle dans des fermenteurs. Ce sont des bactéries (*Escherichia coli, Bacillus amyloliquefaciens, Bacillus lichenoformis, Bacillus suptilis, Bacillus coagulans,...*), des levures (*Saccharomyces cerevisiae, Kluyveromyces lactis, Kluyveromyces fragilis,...*) ou des champignons filamenteux (*Aspergillus niger, Aspergillus oryzae, Aspergillus wentii, Humicola insolens, Mucor pusillus, Mucor miehei, ...*).

Le gène animal, végétal ou microbien (ou plus précisément la construction génétique artificielle faite à partir de ce gène) détenant le secret de fabrication de l'enzyme d'intérêt est introduit dans le micro-organisme en question. Celui-ci, multiplié à grande échelle en « vases clos », prend le gène « étranger » à son propre compte, le décode et fabrique donc lui-même la protéine d'intérêt. Comme pour les protéines d'intérêt pharmaceutique, toutes ces enzymes produites par transgenèse sont appelées des ***protéines*** (ou enzymes) ***recombinantes***.

Le cas de la chymosine (présure)

L'exemple le plus connu de protéine d'intérêt industriel (autre que pharmaceutique) produite par technologie OGM est justement celui de la chymosine (présure) pour l'industrie laitière et fromagère.

Certains groupes fromagers utilisent près de 200.000 litres de présure par an. Dans les années 70-80, une pénurie de présure a provoqué des spéculations sur les cours avec de brusques envolées des prix, et la recherche d'alternatives pour l'approvisionnement en présure s'est alors faite pressante. Dès le début des années 80, des laboratoires de recherche se sont lancés dans l'identification du gène de veau détenant le secret de fabrication de la chymosine, et trois grands groupes industriels (Pfizer, Gist-Brocades et Chr. Hanssen's) ont alors investi dans la production de chymosine recombinante en ayant recours à des micro-organismes dans lesquels a été introduit le gène de veau en question.

Chr.Hanssen's était le premier producteur mondial de présure naturelle. Il s'agissait donc pour ce groupe de rester sur le marché en produisant sa propre chymosine recombinante. C'est celle de Pfizer, produite dans la bactérie *Escherichia coli* et commercialisée sous le nom de « Chymax », qui a obtenu la première l'autorisation de mise sur le marché, accordée aux Etats-Unis en 1990. Trois ans plus tard (1993), celles de Gist-Brocades (produite dans la levure *Kluyveromyces lactis* et nommée « Chymogène ») et de Chr.Hanssen's (produite chez le champignon filamenteux *Aspergillus niger* et nommée « Maxiren »), sont également autorisées par la FDA.

Dans les deux années qui suivirent, ces trois chymosines recombinantes furent autorisées dans une trentaine de pays dont la plupart des pays européens, sauf la France et les Pays-Bas (Belgique, Danemark, Grande-Bretagne, Grèce, Irlande, Italie, Portugal, Suède, Suisse). En France, l'autorisation de mise sur le marché a finalement été accordée en 1998, mais uniquement pour les fromages hors Appellation d'Origine Contrôlée (AOC) : les chymosines recombinantes restent aujourd'hui interdites en France pour tous les fromages bénéficiant d'une AOC.

Le cas de la Suisse, autre gros producteur de fromage, est particulier. La chymosine recombinante y a été autorisée très tôt pour les fromages à pâtes cuites, mais les fromagers suisses ont très vite fait savoir qu'ils cessaient de l'utiliser à la suite de la chute brutale de leurs ventes à l'exportation vers l'Allemagne. Comme disait Coluche : « *Il suffit que les consommateurs n'en veulent pas pour que ça ne se vende pas !* ». Mais faut-il encore pour cela que les consommateurs soient informés...

Autres enzymes recombinantes pour l'industrie agro-alimentaire

De nombreuses autres enzymes, utilisées pour la fabrication des denrées et boissons destinées à l'alimentation humaine, sont issues de micro-organismes génétiquement modifiés, la plupart étant transgéniques (c'est-à-dire possédant au moins un gène provenant d'une autre espèce). C'est le cas de plusieurs enzymes de dégradation des glucides (sucres), telles l'alpha-amylase de la bactérie *Bacillus stearothermophilus* (produite dans la bactérie *Bacillus lichenoformis*), l'alpha-acétolactate décarboxylase de la bactérie *Bacillus brevis* (produite dans la bactérie *Bacillus subtilis*), et l'exo-alpha-amylase maltogène (désolé pour les noms barbares) de la bactérie *Bacillus stearothermophilus* (produite également dans la bactérie *Bacillus subtilis*). Ces trois protéines recombinantes sont autorisées en France depuis 1994. Les deux premières sont utilisées pour la fabrication de bières et autres alcools, la troisième est utilisée en boulangerie et pour la fabrication du sirop de maltose. Une quatrième enzyme recombinante de dégradation des glucides, utilisée pour faire du sirop de glucose, a été autorisée en 1998 : il s'agit de la pullanase de la bactérie *Bacillus deramificans* (produite dans la bactérie *Bacillus lichenoformis*).

Toujours en 1998, parallèlement à la chymosine (cf. section précédente), une enzyme également utilisée en industrie fromagère et permettant la dégradation des protéines – l'aspartyl-protéase du champignon *Rhizomucor meihei* (produite dans le champignon *Aspergillus oryzae*) – a été autorisée (comme la chymosine) uniquement pour les fromages hors AOC.

Plus récemment, deux enzymes du champignon *Thermomyces lanuginosus*, produites dans le champignon *Aspergillus oryzae*, ont été autorisées en boulangerie : il s'agit à nouveau d'une enzyme de dégradation des glucides (xylanase) ainsi que d'une enzyme de dégradation des lipides (lipase).

Les autres secteurs industriels utilisateurs d'enzymes recombinantes

Le secteur le plus grand utilisateur d'enzymes (avant même l'agro-alimentaire) est l'industrie des détergents et des lessives. Environ 90% des poudres de lessive contiennent des enzymes. Pendant longtemps, ces enzymes étaient présentes sous forme d'extraits cellulaires protéiques bruts – c'est-à-dire les extraits obtenus après éclatement des usines cellulaires (dans lesquelles se trouvent les ouvriers recherchés), et qui contiennent « en vrac » une grande partie des ouvriers de ces usines.

Aujourd'hui, il s'agit très souvent des seules enzymes d'intérêt obtenues à partir de micro-organismes transgéniques, c'est-à-dire d'enzymes recombinantes. Ce sont en très grande majorité des protéases et des amylases (essentiellement de bactéries) ainsi que des lipases et des cellulases (essentiellement de champignons). Ces enzymes permettent de dégrader la matière organique au niveau des tâches pour les rendre plus solubles, et notamment à basse température. Les cellulases permettent également de raviver les couleurs en éliminant les petites boules pelucheuses qui se forment à la surface des tissus avec l'usure sous l'effet des frottements.

Outre le fait que l'utilisation de telles enzymes permet de protéger les tissus fragiles en évitant de les exposer à des températures trop élevées, l'argument avancé est essentiellement d'ordre environnemental : ces enzymes permettent de limiter l'utilisation de certains agents chimiques, et ainsi de diminuer les rejets polluants, tels que les phosphates, dans les eaux de lavage.

Un autre secteur concerné est celui de l'industrie textile qui a recours à des enzymes principalement pour trois procédés : l'élimination de l'empois d'amidon utilisé pour protéger les fils pendant le tissage, la décoloration des toiles de jean, et le blanchiment des tissus. L'élimination de l'empois d'amidon est effectuée par des amylases thermostables (c'est-à-dire qui résistent à des températures élevées) très efficaces à 80 ou 90°C. Pour diminuer l'intensité du colorant bleu des toiles de jean, ce sont des cellulases qui remplacent la méthode abrasive consistant à frotter les toiles sur des pierres de lave. Enfin, le blanchiment des tissus, réalisé autrefois à l'aide d'oxydants chlorés qui sont désormais interdits (ou restreints) dans les rejets industriels, a recours aujourd'hui à l'utilisation du peroxyde d'hydrogène (eau oxygénée) dont l'arrêt immédiat de l'action de blanchiment est obtenu par addition d'une enzyme particulière appelée catalase. En l'absence de cette enzyme, l'action du peroxyde d'hydrogène ne peut être stoppée que par des rinçages abondants successifs. Le recours à la catalase permet donc de mieux contrôler la durée d'action du peroxyde d'hydrogène tout en diminuant la consommation d'eau.

L'industrie de la pâte à papier a considérablement augmenté son utilisation d'enzymes depuis une grosse quinzaine d'années. Là encore, les motivations et les arguments avancés sont d'ordre environnemental étant donné que c'est une industrie très polluante utilisatrice de substances particulièrement corrosives dont les rejets peuvent être éventuellement diminués par l'utilisation d'enzymes. L'une des étapes de la préparation du papier consiste à dégrader les parois végétales. L'utilisation d'enzymes, cellulases et hémicellulases, remplace progressivement les traitements mécaniques et chimiques couramment utilisés pour effectuer cette dégradation. Le blanchiment du papier se fait avec des oxydants chlorés. A défaut de se substituer à ces composés polluants, l'utilisation d'enzymes appelées xylanases permet de modifier la structure du papier, et de le rendre ainsi plus sensible aux oxydants chlorés dont l'utilisation peut alors être diminuée de 15 à 20%. Des amylases, des lipases et des glucanases sont également utilisées pour le nettoyage des machines à papier qui sont régulièrement encrassées par des dépôts de matériel biologique. Il s'agit essentiellement de triglycérides (graisses, dégradées par les lipases) et de grosses molécules glucidiques (dégradées par les amylases et les glucanases).

Un autre exemple est l'industrie des peaux. Bien que nettement moins utilisatrice d'enzymes que les secteurs décrits précédemment, l'étape de trempage des peaux a recours depuis quelques années à des enzymes qui dégradent les protéines. Traditionnellement, le trempage des peaux et l'élimination des poils ou de la laine se fait en milieu très alcalin (c'est-à-dire à pH très élevé, un milieu acide étant au contraire caractérisé par un pH très faible) avec de la chaux et des sulfites. L'utilisation de ces substances corrosives peut être diminuée en ayant recours à des protéases alcalines (c'est-à-dire qui fonctionnent à pH élevé) ou à de la trypsine pancréatique (de porc ou de veau) qui vont hydrolyser les protéines du bulbe du poil et ainsi faciliter cette étape de trempage.

Quelle évaluation pour les enzymes recombinantes (autres que pharmaceutiques) ?

Bien évidemment, les enzymes recombinantes destinées à l'industrie (autre que pharmaceutique) ne sont pas évaluées comme le sont les protéines d'intérêt pharmaceutique, qui sont avant tout des médicaments (cf. chapitre III : Production de protéines d'intérêt pharmaceutique). On peut le comprendre lorsqu'il s'agit d'enzymes destinées à des lessives ou à l'industrie du papier. C'est un peu moins évident pour les enzymes utilisées dans l'alimentaire. On se contente en fait de vérifier que l'enzyme recombinante en question n'est pas contaminée par des cellules ou de l'ADN de l'organisme qui l'a fabriquée. Mais, encore une fois, on ne vérifie nullement son repliement dans l'espace – le repliement du collier de perles –, paramètre qui n'est d'ailleurs même pas vérifié lorsqu'il s'agit pourtant de « protéines-médicaments ».

A partir du moment où l'enzyme conserve l'activité biologique pour laquelle elle présente un intérêt alimentaire, elle est considérée comme totalement identique à celle fabriquée par l'organisme d'origine. C'est une extrapolation pour le moins hâtive. Et comme nous l'avons vu au chapitre I (cf. **Quelques « petites » remarques d'importance**), un défaut de repliement d'une protéine peut avoir des conséquences fâcheuses. En ce qui concerne les protéines recombinantes utilisées pour la panification (boulangerie) par exemple, il est argué que, de toute façon, les enzymes sont dénaturées et dégradées lors de la cuisson. C'est oublier que certaines protéines qui ne présentent « rien d'autre qu'un défaut de repliement » résistent à des températures et à des pressions extrêmement élevées (nettement supérieures à celles nécessaires pour dénaturer et dégrader la très grande majorité des protéines).

C'est le cas de certaines protéines responsables de maladies à prion. Quel biologiste aurait pu imaginer, avant la découverte de ces maladies et le fameux épisode des farines animales, que des protéines puissent posséder de telles propriétés physico-chimiques ?

Mais comme d'habitude, on ne tire aucune leçon de ce qu'aurait pourtant dû nous enseigner ce type d'expérience malheureuse : tant qu'on n'a pas vérifié, on ne sait pas !

V. OGM

DANS L'AGRO-ALIMENTAIRE

« Ni les généticiens ni les agronomes n'ont "inventé" l'agriculture. Ce sont les paysans »

Marc Dufumier

Les trois chapitres précédents ont été intitulés « OGM et Recherche Fondamentale », « OGM et Médecine » et « OGM et Industries ». Le présent chapitre s'intitule non pas « OGM et Agro-alimentaire » mais « OGM dans l'Agro-alimentaire ». On pourrait y voir un manque de cohérence ou de rigueur. C'est au contraire par souci de rigueur que je dis ici « dans » et non pas « et ». Cette précision peut apparaître comme un détail de sémantique, mais elle reflète au contraire des différences essentielles entre tous les OGM dont j'ai parlé dans les chapitres précédents et ceux dont je vais parler maintenant.

D'une part, tous les OGM que j'ai abordés précédemment sont développés et utilisés exclusivement en espaces confinés alors que les OGM qui vont être décrits dans ce chapitre sont destinés à être disséminés dans l'environnement et dans les assiettes, ce qui va inévitablement poser des questions nouvelles (et indépendamment des réponses que l'on peut y apporter) d'ordres environnemental et sanitaire.

D'autre part, dans les domaines que je viens d'aborder (recherche fondamentale, médecine et industries), les OGM sont utilisés non pas comme une fin en soi, mais comme des moyens pour arriver à une fin. Ce ne sont rien d'autres que des outils. En recherche fondamentale, les OGM ne sont en quelque sorte que des « éprouvettes biologiques ». Quand j'introduis par exemple un gène de lapin dans une bactérie pour obtenir une grande quantité de ce gène et pouvoir le manipuler *in vitro* (cf. chapitre II), ce n'est pas la bactérie transgénique qui m'intéresse mais le gène de lapin qui s'y trouve. D'ailleurs, je vais devoir éclater mes bactéries (et donc tuer l'OGM en question) pour récupérer le gène de lapin. Ces bactéries ne sont que des intermédiaires dans un protocole. Dans le domaine médical et pharmaceutique, les OGM sont par exemple des modèles pour l'étude de maladies humaines ou encore des « usines à médicaments » (cf. chapitre III). Encore une fois, ce n'est pas, par exemple, la bactérie produisant l'insuline qui nous intéresse et qu'on va se procurer en pharmacie, mais l'insuline elle-même dont l'extraction et la purification impliquent, là aussi, que l'on tue les bactéries transgéniques en question. De la même manière, dans les différents secteurs industriels évoqués au chapitre précédent (chapitre IV), les OGM (qui sont des MGM) sont utilisés comme des usines pour fabriquer des enzymes d'intérêt, et sont développés et multipliés uniquement en espaces confinés. Encore une fois, cela ne signifie pas pour autant que le recours à la technologie OGM dans ces différents domaines ne cause aucun problème. Comme nous l'avons vu, l'utilisation d'enzymes recombinantes dans des secteurs tels que l'agro-alimentaire peut soulever un

certain nombre de questions et engendrer des risques sanitaires particuliers, mais il ne s'agit pas de l'OGM en tant que tel.

Dans le domaine agro-alimentaire, en revanche, les OGM ne sont plus un moyen pour arriver à une fin, mais une fin en soi. Ils ne sont plus utilisés comme des outils mais comme des organismes à part entière : les plantes agricoles génétiquement modifiées (PGM) ont exactement le même devenir que leurs homologues non transgéniques. Elles sont plantées ou semées, cultivées, récoltées et consommées (par les animaux ou/et les humains) exactement comme leurs homologues conventionnelles. Cette différence fondamentale soulève des questions nouvelles, d'ordre éthique, agricole, économique bien sûr, mais également d'ordre environnemental et sanitaire, et auxquelles on se doit d'être en mesure de répondre. En particulier, le fait que ces PGM soient utilisées comme organismes à part entière implique que l'on soit en mesure de maîtriser parfaitement les conséquences des modifications génétiques, d'une part sur la plante elle-même et ses répercussions dans la chaîne alimentaire, et d'autre part sur ses interactions avec l'environnement.

Quand on fabrique une bactérie transgénique qui produit de l'insuline, il importe peu si cette bactérie est perturbée par ailleurs, pourvu qu'elle produise l'insuline et que cette insuline soit correcte. En revanche, quand on introduit une construction génétique artificielle (CGA) dans une plante pour lui faire produire par exemple une toxine insecticide qui va lui permettre de lutter contre un insecte ravageur (cf. ci-après), il ne suffit pas de s'assurer que la plante produit bien la toxine en question. Il nous faut savoir en quoi l'introduction de cette CGA dans les chromosomes de la plante a pu perturber des gènes naturels de cette plante, quelles en sont les conséquences sur le métabolisme général de la plante et les répercussions éventuelles dans la chaîne alimentaire.

Quel est le devenir et quels sont les effets de cette toxine, qui s'accumule dans la plante, dans la chaîne alimentaire (chez l'animal qui mange la plante et chez les humains qui mangent l'animal ou ses produits tels que le lait et les oeufs) ?

Quel est le devenir et quels sont les effets de cette toxine dans l'environnement (cette toxine s'accumulant notamment dans les racines qui sont de véritables passoires, elle est nécessairement libérée dans le sol) : sur les vers de terre, les micro-organismes du sol (dont on n'en connaît que 5% environ), sur les insectes non ciblés (coccinelles, abeilles...) ?

Bref, avec les OGM agro-alimentaires, l'évaluation des risques ne doit pas se cantonner à l'étude du (ou des) produit(s) du transgène – c'est-à-dire de la (ou des) protéine(s) dont il permet la fabrication – mais doit concerner l'organisme transgénique dans son ensemble et toutes ses interactions, que ce soit dans la chaîne alimentaire ou avec l'environnement.

Toutes ces questions nouvelles (et je n'en ai bien sûr citées ici que quelques-unes) ne sont pas posées (ou en tout cas pas de la même manière) avec les OGM « outils » utilisés en espaces confinés. Et c'est la raison pour laquelle, encore une fois, il est extrêmement malhonnête d'amalgamer toutes les catégories d'OGM, indépendamment de l'avis que l'on peut avoir sur chacune d'elles.

Je vais, dans ce chapitre, décrire les différents types d'OGM agro-alimentaires, non seulement ceux qui sont déjà commercialisés ou qui font l'objet de demande d'autorisation, mais également ceux qui se préparent dans les labos ou que l'on nous promet. Je ne ferai ici essentiellement que les décrire, et ce n'est que dans les chapitres suivants que j'aborderai les risques qu'ils engendrent et les questions qu'ils soulèvent, en particulier sur les aspects sanitaires et environnementaux.

Plantes-pesticides

Plus de 99% des plantes génétiquement modifiées qui sont actuellement cultivées à la surface de la planète, ainsi que la quasi-totalité de celles qui font l'objet de demandes d'autorisation, sont des plantes dites « pesticides », c'est-à-dire qui accumulent des ***pesticides*** dans leurs cellules. Je rappelle au passage que « pesticide » est le terme générique qui englobe les insecticides, les herbicides, les fongicides (cf. Glossaire). Il s'agit soit de plantes qui produisent elles-mêmes l'insecticide leur permettant de lutter contre un insecte ravageur (plantes *Bt*, 18%), soit de plantes capables d'absorber un herbicide sans mourir (plantes *Roundup-Ready*® ou *Liberty-Link*®, 63 %), soit encore de plantes qui réunissent les deux propriétés (19%) [11]. Les plantes qui n'ont qu'une seule propriété (production d'un insecticide ou tolérance d'un herbicide) sont ce qu'on appelle les OGM de première génération. Celles qui font les deux sont les OGM de seconde génération (production d'un insecticide et tolérance d'un herbicide) ou de troisième génération (production de deux insecticides et tolérance d'un herbicide ou, inversement, production d'un insecticide et tolérance de deux herbicides).

__Plantes produisant un insecticide

Il s'agit essentiellement (mais pas exclusivement) de maïs, de coton et de colza. On les appelle des plantes *Bt* car le gène étranger (le transgène) qu'elles contiennent provient d'une bactérie du sol dont les initiales sont *Bt* : *Bacillus thuringiensis*. Cette bactérie possède naturellement des gènes qui détiennent le secret de fabrication de toute une famille de protéines tueuses d'insectes. Ces protéines s'appellent « Cry » car elles sont naturellement fabriquées par la bactérie sous forme de cristaux. Chacune de ces protéines insecticides agit sur des insectes différents, et la nature du (ou des) insecte(s) ciblé(s) par la plante *Bt* va donc dépendre du gène de la bactérie *Bt* qui a été introduit dans cette plante.

Prenons l'exemple du maïs *Bt* qui lutte contre la pyrale. C'est le cas, par exemple, du maïs MON810 (de la firme *Monsanto*), seul maïs autorisé à la culture en Europe, et qui vient d'être (au moins provisoirement) suspendu en France suite à l'activation par le gouvernement de la clause de sauvegarde[8]. La pyrale est un papillon crépusculaire dont la chenille fait des dégâts dans la tige du maïs. La chenille peut alors redescendre jusque dans l'épi et causer ainsi des altérations des grains et donc des chutes de rendement. La bactérie *Bacillus thuringiensis* possède notamment un gène qui détient le secret de fabrication d'une protéine tueuse de pyrale (protéine Cry1Ab). Une ***construction génétique artificielle*** réalisée à partir de ce gène a

8 *Article 23 de la directive européenne 2001/18 qui précise qu'un état membre peut demander la suspension sur son territoire de la culture commerciale d'un OGM autorisé au niveau communautaire, sur la base d'éléments scientifiques nouveaux pouvant remettre en cause son innocuité environnementale ou sanitaire.*

alors été introduite dans le maïs. Le langage génétique étant universel, le maïs prend le gène *Bt* en question à son propre compte, le décode et fabrique ainsi lui-même la protéine insecticide qui lui permet de se défendre tout seul contre la pyrale. Il est donc important de noter que ce maïs va produire en permanence l'insecticide en question, lequel va donc pouvoir s'accumuler dans toutes les cellules de la plante.

Toutes les plantes *Bt* sont sur le même principe. Seul le gène *Bt* change, et par voie de conséquence, le (ou les) insecte(s) ciblé(s). Par exemple, les maïs *Bt*11 et *Bt*176 expriment, comme le MON810, la protéine Cry1Ab et sont donc destinés, eux aussi, à lutter contre la pyrale. En revanche, le maïs *Bt* MON863 contient lui un autre gène de la bactérie *Bt* détenant le secret de fabrication d'une protéine Cry différente, la protéine Cry3Bb1, qui lui permet de lutter contre un autre insecte : la chrysomèle des racines du maïs *(Diabrotica virgifera virgifera)*. Ce petit coléoptère est originaire d'Amérique Centrale. Alors qu'il a mis plus d'un siècle à rejoindre l'Amérique du Nord, il est arrivé subitement en Europe dans les années 1990 autour des aéroports militaires. Et l'antidote (maïs MON863) est arrivé à Bruxelles à peu près en même temps... Il est vrai que le monde est bien fait parfois !

Plantes tolérant un herbicide

Il s'agit cette fois essentiellement (mais pas exclusivement) de soja, de colza et de maïs qui ont donc été génétiquement modifiés pour pouvoir absorber un herbicide général sans mourir. Les herbicides en question sont essentiellement le Roundup, produit par la société américaine *Monsanto* qui fabrique les plantes tolérantes au Roundup (plantes *Roundup-Ready*®), et le Liberty, produit par la société allemande *Bayer* qui fabrique les plantes tolérantes au Liberty (plantes *Liberty-Link®*) : quand je vous dis que le monde est bien fait !

Prenons l'exemple du soja *Roundup Ready®*, communément appelé « soja au Roundup ». Le Roundup, dont le principe actif est le glyphosate, est un herbicide dit « à large spectre » (comme le Liberty d'ailleurs), c'est-à-dire qu'il tue toutes les plantes. Cette efficacité, en tant qu'herbicide, est due au fait que sa cible est un ouvrier central de l'usine cellulaire végétale – une protéine clé présente dans les cellules de toutes les plantes – en ce sens que si on empêche cet ouvrier de travailler, toute l'usine s'arrête. Non pas qu'il s'agisse d'un leader syndical, mais d'une enzyme (appelée EPSPS) qui est nécessaire à la fabrication de certains acides aminés – certaines perles constitutives des protéines. L'EPSPS est bien sûr elle-même constituée de perles – d'***acides aminés*** – puisqu'il s'agit d'une protéine, mais elle permet d'en fabriquer d'autres indispensables à la fabrication des autres protéines – des autres ouvriers de

l'usine cellulaire végétale. Quand le Roundup (le glyphosate) pénètre dans les cellules de la plante, il se fixe sur l'EPSPS et l'empêche ainsi de travailler.

Certaines perles n'étant plus fabriquées, les protéines ne sont plus synthétisées et la plante crève – il n'y a plus d'ouvriers et l'usine ferme ses portes. Le « soja au Roundup » est un soja dans lequel a été introduit un gène d'une bactérie du sol (pas la bactérie *Bt* cette fois, mais une autre bactérie appelée *Agrobacterium tumefaciens*) qui détient également le secret de fabrication d'une protéine EPSPS (celle de la bactérie en question). Cette protéine bactérienne fait le même travail que son homologue de plante (fabrication de certaines perles) mais est insensible à l'herbicide car elle est légèrement déformée à l'endroit où le Roundup (le glyphosate) est censé venir se fixer.

Par conséquent, la présence de l'herbicide ne la dérange nullement, et elle peut alors remplacer son homologue de plante qui, elle, est bloquée par l'herbicide. Il en résulte que la plante, qui aurait dû mourir en présence de Roundup, va alors continuer à vivre et donc accumuler le Roundup dans ses cellules. Contrairement aux plantes *Bt* qui accumulent un insecticide par synthèse (elles le fabriquent en permanence), nous avons ici des plantes qui accumulent un herbicide par absorption (elles l'absorbent sans mourir).

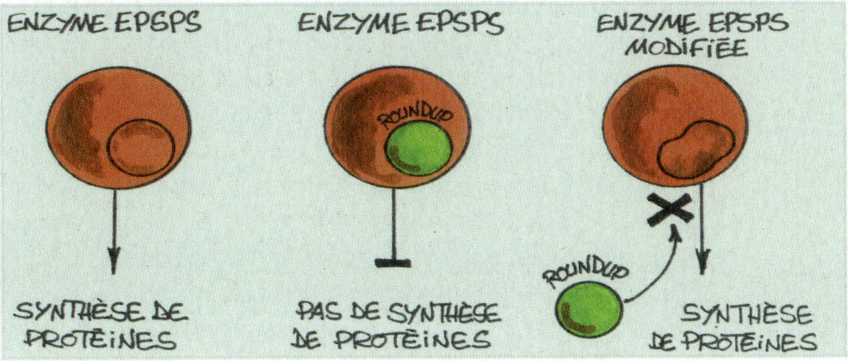

Autres plantes agricoles transgéniques

Toutes les autres plantes transgéniques (autres que les plantes-pesticides), cultivées ou faisant l'objet de demandes d'autorisation, représentent moins de 1% des PGM du monde. Il s'agit notamment de plantes résistantes à des virus ou à des champignons.

___*Plantes résistantes aux maladies virales*

Il existe des virus de plantes, comme il existe des virus humains ou des animaux en général : virus de la mosaïque du chou-fleur, de la mosaïque du tabac, de la mosaïque de la salade... Pratiquement tous ces virus, comme les virus animaux, sont constitués d'une coque de protéines (la ***capside***) dans laquelle est enfermée leur information génétique (cf. chapitre III : Production de protéines d'intérêt pharmaceutique - *Production de vaccins*).

Depuis une vingtaine d'années, des chercheurs s'intéressant aux maladies virales des plantes, ont observé que l'infection d'une plante par un virus la protège très souvent contre une surinfection par un virus apparenté. Les mécanismes de ce phénomène, connu sous le nom de « protection croisée », n'ont pas été véritablement élucidés, mais il semble que la multiplication du second virus soit perturbée par le fait que la plante fabrique déjà la protéine de capside du premier virus. Il est important de préciser ici qu'un virus étant dépourvu de machinerie cellulaire, il doit, pour se multiplier, intégrer ses propres gènes dans le génome des cellules qu'il infecte de façon à ce que celles-ci prennent les gènes viraux à leur propre compte et fabriquent ainsi les protéines virales, dont la protéine de la capside.

Bien que les mécanismes intimes de ce processus de protection croisée ne soient pas connus, des plantes transgéniques, contenant des gènes viraux qui détiennent le secret de fabrication de protéines de capsides virales, ont néanmoins été fabriquées pour qu'elles résistent à des virus. La première plante transgénique résistante aux virus cultivée à l'échelle de la production commerciale a été une courge contenant de nombreux gènes de capsides virales et capable de résister au virus de la mosaïque du concombre, à celui de la mosaïque de la pastèque, et à celui de la mosaïque de la courgette [12]. Depuis, ce principe a été étendu à de nombreuses autres plantes (pour la résistance à de nombreux virus différents), dont le tabac et le poivron qui, comme la courge, sont déjà cultivés à grande échelle, notamment en Chine et aux Etats-Unis, à des fins commerciales.

En France, plusieurs centres de recherche de l'INRA (Angers, Avignon, Bordeaux, Colmar, Rennes, Versailles) effectuent des travaux basés sur le même principe pour l'obtention de variétés de colza, tomate, tabac, pomme de terre, prunier, vigne, ou encore géranium ou pétunia, résistants aux virus. En particulier, des études importantes sont faites sur la vigne car toutes les vignes du monde (et pas seulement les vignes françaises) peuvent être la cible d'un virus particulier : le virus du court noué. Ce virus est transporté par des vers microscopiques du sol (des nématodes) et pénètre dans le pied de vigne par ses racines : pour se nourrir, le nématode pique les racines du pied de vigne et transmet le virus qui pénètre ainsi dans le cep. Une vigne victime du court-noué se caractérise par des sarments avec des entre-nœuds raccourcis et ramifiés, des feuilles petites et déformées, très dentelées et jaunissantes, des grappes de petite taille et peu nombreuses atteintes par la coulure (chute des baies par manque de développement), ainsi qu'une diminution de la durée de vie du cep d'environ 10 ans. La maladie conduit à une chute considérable, voire une absence, de récolte. Etant donné l'impact économique du vin dans le monde, il y a un engouement très fort à vouloir réaliser de la vigne transgénique résistante au court-noué, et les premiers essais en plein champ ont eu lieu en 2004 en Alsace, à Colmar.

Plantes résistantes aux maladies fongiques

De telles plantes ne sont pas encore cultivées commercialement. Certaines font l'objet d'essais en plein champ en vue de demandes d'autorisation. Le développement des plantes transgéniques résistantes aux champignons est assez symptomatique de la politique générale de la recherche actuelle en biologie qui consiste à mettre la charrue devant les bœufs en privilégiant la technologie sur les connaissances fondamentales (cf. chapitre IX : **Le caractère anti-scientifique de la technoscience**). En effet, les connaissances sur les processus infectieux des champignons chez les plantes sont encore très rudimentaires. Plutôt que de mettre la priorité sur la compréhension de ces processus, et ainsi de se donner toutes les chances de pouvoir élaborer des stratégies subtiles et peu invasives pour permettre aux plantes de mieux se protéger contre les attaques de certains champignons, on a immédiatement recours à l'artillerie lourde qu'est la technologie OGM.

C'est le cas pour une pomme de terre (variété Bintje) qui a été génétiquement modifiée de différentes façons pour accroître sa résistance au mildiou [13]. Dans un cas, on lui a inséré un gène de levure détenant le secret de fabrication d'une enzyme qui provoque la mort des cellules contaminées par le champignon. Dans un autre, il s'agit d'un gène issu du blé permettant à la pomme de terre de fabriquer une nouvelle enzyme – un nouvel ouvrier –, qui, au contact d'un acide apporté par le champignon (acide oxalique), produit de l'eau oxygénée, provoquant là encore la mort des cellules contaminées par le champignon ! De plus, dans les deux cas, il ne s'agit que de freiner le développement du champignon.

Un autre exemple assez illustratif de la mise en œuvre de l'artillerie lourde pour permettre d'améliorer la résistance d'une plante à une maladie fongique nous est donné avec le colza, victime d'un champignon qui s'attaque aussi à beaucoup d'autres plantes (dont le tournesol) : *Sclerotinia sclerotiorum*. Lorsqu'à la fin de la floraison, le colza perd ses pétales, en présence d'humidité certains pétales se collent sur la feuille ou sur la tige. C'est essentiellement au niveau des zones de contact entre les pétales et les feuilles ou les pétales et la tige que se développent les spores du champignon et que celles-ci pénètrent dans la plante pour lui conférer la maladie. Pour réduire le potentiel infectieux du champignon, un laboratoire de l'INRA envisage de fabriquer, par transgenèse, un colza sans pétales [14] ! C'est un peu comme si, pour s'affranchir des pellicules, on fabriquait des hommes sans cheveux. Ou encore, pour s'affranchir des maladies sexuellement transmissibles, des hommes sans sexe ! C'est sûr, ce serait efficace ! Pas très pérenne, mais efficace...

Les grandes promesses

Depuis plus de quinze ans que des PGM sont cultivées à la surface de la planète, on nous promet des plantes miracles qui pourraient, par exemple, pousser sans eau ou dans des milieux très salins, qui pourraient fixer l'azote de l'air, ou encore des plantes plus riches en vitamines, fabriquant des acides gras meilleurs pour la santé, des plantes aux propriétés gustatives améliorées... Mais dans les faits, les PGM cultivées sont toujours, dans leur quasi-totalité, des plantes-pesticides, et c'est encore vrai au moins pour les dix années à venir étant donné, comme je l'ai déjà mentionné précédemment, que les PGM qui font l'objet d'essais et de demandes d'autorisation sont toujours, dans leur grande majorité, des plantes-pesticides.

___Plantes adaptées à des environnements hostiles

L'exemple le plus souvent mis en avant est celui du maïs qui pousserait avec moins d'eau. C'est typiquement ce qui nous est présenté comme les futures grandes prouesses de la technologie OGM en matière agricole. Mais ça ne vient pas, et pour cause ! La capacité d'une plante à résister au manque d'eau (stress hydrique) fait appel à des mécanismes extrêmement complexes impliquant probablement un très grand nombre de gènes dont on n'en connaît que quelques-uns. Et croire que l'on pourra apporter une réponse au stress hydrique d'une plante par transgenèse, c'est-à-dire en y insérant un ou quelques gènes, est totalement illusoire. Certes, il existe quelques essais de maïs transgéniques dans lesquels ont été introduits, par exemple, des gènes de sorgho, plante qui est naturellement moins consommatrice d'eau que le maïs. Il s'agit de gènes impliqués dans des voies métaboliques – chaînes de montage ou de démontage – particulières, l'idée étant alors de calquer une partie du métabolisme du maïs sur celui du sorgho pour en faire un maïs moins gourmand en eau. Il existe peut-être d'autres alternatives. Par exemple, cultiver du sorgho…

Et, comme le dit si bien mon collègue Jean-Pierre Berlan de l'INRA : « *Du maïs qui pousse dans le désert, ça existe déjà, ça s'appelle des cactus !* » Plus sérieusement, dans le berceau du maïs qu'est le Mexique, on trouve naturellement du maïs qui pousse avec peu d'eau et qui est le résultat de la ***sélection massale*** des paysans pratiquée depuis des millénaires. Tout comme on trouve en Bolivie et au Pérou des semences paysannes de pommes de terre qui résistent déjà au mildiou. Mais, étrangement, ces caractères fort intéressants n'ont pas été retenus par les semenciers dans leurs processus de sélection…

De la même manière, on nous promet des plantes qui pourront fixer l'azote de l'air et pour lesquelles l'agriculteur n'aura donc plus besoin d'ajouter d'engrais chimiques azotés. Décidément, les OGM, c'est vraiment très écologique ! Là encore, on nage en pleine dérision. On veut nous faire croire que la transgenèse est la technologie miracle qui va nous permettre de réaliser les plantes de tous nos fantasmes. Une fois de plus, on ne se pose pas la question des alternatives. On oublie qu'il existe d'autres agricultures qui n'ont jamais nécessité d'engrais chimiques, et que de nombreux agriculteurs qui ont adopté ces pratiques culturales n'ont pas attendu les OGM — et fort heureusement car ils n'auraient pas fini d'attendre ! — pour s'affranchir de ces intrants.

Avec les OGM agricoles, on ne réinvente même pas l'eau chaude, on réinvente l'eau tiède !

Plantes à valeur nutritive modifiée

L'exemple le plus « médiatique » est celui du riz doré. Il s'agit d'un riz transgénique qui est capable de fabriquer du carotène à partir duquel est synthétisé la vitamine A [15]. Le carotène est ce pigment qui confère une couleur jaune-orangé-rouge, et que l'on trouve abondamment, comme son nom l'indique, dans la carotte, ainsi que dans de nombreux autres légumes ou fruits dont la tomate. Le riz blanc ne synthétise pas de carotène dans sa partie comestible, mais contient la molécule à partir de laquelle est fabriqué le carotène : le GGPP.

La transformation de ce composé en carotène nécessite trois enzymes – trois ouvriers – absentes des usines cellulaires du riz car celui-ci ne possède pas les gènes détenant le secret de fabrication de ces enzymes. Deux gènes de jonquille (permettant la fabrication des deux premières enzymes) et un gène de bactérie (permettant la fabrication de la troisième enzyme) ont été introduits dans le riz de telle sorte qu'il acquière la capacité à convertir le GGPP en carotène, et donc à fabriquer de la vitamine A. Le riz transgénique résultant a été appelé riz doré (*golden rice* en anglais) car la présence de carotène lui confère une couleur jaune-orangé. Ce riz, soi-disant destiné à être distribué gratuitement dans les pays du Sud, est de toute évidence utilisé comme une vitrine pour redorer le blason des promoteurs d'OGM en s'achetant à bon compte une image de philanthropes. Il nous est présenté depuis des années comme la solution miracle pour résoudre les carences en vitamine A (qui conduisent à la cécité) dans certains de ces pays. En fait, ce riz n'est toujours pas cultivé. Outre le fait qu'il faudrait en manger 9 kilos par jour pour avoir la dose nécessaire de vitamine A, les perturbations métaboliques chez ce riz – les altérations des chaînes de montage et de démontage de ses usines cellulaires – qui résultent des modifications génétiques qui y ont été apportées, affectent grandement sa croissance et ses rendements (cf. chapitre VII : **L'équivalence en substance : une notion scientifiquement absurde**).

Plus récemment, c'est une carotte transgénique qui nous a été présentée comme une future solution pour lutter contre l'ostéoporose. Cette carotte, obtenue par une équipe de l'Université A&M du Texas, contient un gène modifié de l'Arabette (*Arabidopsis thaliana*) qui permet la fabrication d'une protéine dont le rôle est de permettre l'entrée du calcium dans les cellules [16]. La conséquence est que la quantité de calcium dans les cellules de cette carotte transgénique est environ deux fois supérieure à celle de la variété de carotte conventionnelle correspondante. Là encore, il faudrait manger 4 kilos de cette carotte par jour pour avoir la dose quotidienne de calcium nécessaire (1 gramme). Et pourquoi faire simple quand on peut faire compliqué ? N'a-t-on pas les moyens de rétablir un apport de calcium suffisant en jouant simplement sur les divers paramètres de notre alimentation ? Comme le dit le Professeur Philippe Orcel, responsable du service de rhumatologie de l'hôpital Lariboisière à Paris, dans une interview qu'il a accordée à Inf'OGM [17] : « *Lorsqu'il s'agit de prévention de l'ostéoporose, les évaluations des habitudes alimentaires effectuées depuis 15 ans permettent de bien les connaître et donc de les corriger. Les produits laitiers, les légumes verts et même certaines eaux minérales sont de bonnes sources de calcium pour cela* ». Par ailleurs il précise que « *Cette piste de carotte transgénique paraît a priori plus anecdotique qu'une piste sérieuse pour traiter l'ostéoporose pour laquelle la carence en calcium est souvent associée à une carence en vitamine D, cette dernière participant de la bonne absorption du calcium. Agir sur le seul facteur calcium ne changera donc rien* ». Même si cette carotte transgénique est à mille lieux de toute réalité thérapeutique, elle permet, une fois de plus, tout comme le riz doré, d'utiliser la vitrine médicale et jouer sur la corde sensible pour essayer de convaincre les citoyens et les élus récalcitrants du bienfait des OGM agro-alimentaires. Et comme par hasard, l'annonce de la naissance de cette carotte merveilleuse est arrivée en pleines discussions sur le projet de loi OGM : en janvier 2008, la députée UMP, Bérengère Poletti, adressait une question écrite au Ministre de la Santé à propos de cette carotte [18]. Vous allez bien finir par me croire quand je vous dis que le monde est bien fait !

Les animaux transgéniques à des fins agro-alimentaires

Si les OGM agro-alimentaires autorisés à la commercialisation se limitent aujourd'hui à des plantes, il est important de savoir également que de nombreux projets concernant des animaux transgéniques se développent actuellement dans les labos. Il ne s'agit pas là d'animaux de laboratoire utilisés dans le cadre de recherches fondamentales (cf. chapitre II) ou médicales, comme modèles à l'étude de maladies humaines par exemple, (cf. chapitre III : Animaux transgéniques pour l'étude de maladies humaines), mais d'animaux d'élevage développés à des fins commerciales et alimentaires. Je vais en donner ici quelques exemples. Je ne pourrai pas être exhaustif, d'une part en raison de la multiplicité de ce type de projets, et d'autre part parce qu'ils ne sont pas tous connus (secret industriel oblige).

Des poissons

L'exemple le plus avancé et le plus médiatique est le saumon (d'Atlantique) « géant ». Il s'agit d'un saumon génétiquement modifié pour produire plus d'hormone de croissance afin qu'il grossisse plus vite et qu'il devienne plus gros, le but étant essentiellement de raccourcir la durée d'élevage en aquaculture et bien sûr d'augmenter les rendements (plus de kilos de poissons pour la même quantité de nourriture). Tout a commencé en Asie, au milieu des années 1980, où le gène de l'hormone de croissance humaine a été introduit dans des œufs de poisson rouge [19]. De nombreuses autres espèces de poissons transgéniques, avec un gène d'hormone de croissance étranger (ou un changement du ***promoteur*** de leur propre gène d'hormone de croissance pour qu'il soit stimulé toute l'année), ont ensuite été obtenus durant les années 1990. Il s'agit principalement de saumons d'Atlantique qui ont surtout été développés au Canada, avec notamment les travaux d'un chercheur de l'Université de Terre-Neuve, le professeur Garth Fletcher. De façon générale, ces poissons transgéniques croissent en moyenne 2 à 6 fois plus rapidement que leurs homologues conventionnels, et peuvent atteindre une taille 5 à 6 fois supérieure à celle du poisson normal après 12 à 18 mois d'élevage [20-25].

Depuis, ces projets de poissons transgéniques se sont multipliés, au Canada, mais aussi dans beaucoup d'autres pays (Cuba, Chine, Japon, Etats-Unis, Nouvelle-Zélande, Ecosse...), sur le saumon d'Atlantique bien sûr, mais également sur de nombreuses autres espèces : barbues de rivière, bars d'Amérique, carpes, truites, tilapia, médaka (un poisson de rizière japonais) ainsi que sur certains crustacés comme les écrevisses...

Les résultats les plus aboutis concernent essentiellement le saumon d'Atlantique. Il s'agit des « fameux » saumons géants du Canada décrits ci-dessus, mais également de saumons présentant une résistance au gel [26, 27] ou encore des saumons qui réunissent les deux propriétés [28]. Le but de cette résistance au gel est d'étendre le développement de l'aquaculture du saumon dans des zones canadiennes où la température de l'eau peut descendre en hiver jusqu'à -1,9°C alors que le saumon d'Atlantique meurt en dessous de -0,7°C.

En étudiant les espèces aquatiques résistantes à ces basses températures, des chercheurs ont identifié un gène impliqué dans cette résistance (gène codant une protéine dite « anti-gel ») et l'ont introduit chez le saumon d'Atlantique.

Plusieurs entreprises ont fait des demandes d'autorisation pour commercialiser des saumons transgéniques. C'est le cas de la société privée américano-canadienne A/F *Protein*, fondée par Fletcher et installée sur la côte Est du Canada, mais également de *Aqua Bounty Farm* aux Etats-Unis ou encore de *King Salmon* en Nouvelle-Zélande.

___*Des porcs*

Nous avons vu au chapitre III que des porcs sont génétiquement modifiés dans le but de produire des xénogreffes (*cf.* Animaux transgéniques pour réaliser des xénogreffes), c'est-à-dire des organes animaux que l'on pourrait implanter chez l'homme. Mais de toute évidence, les porcs représentent un terrain de jeu privilégié pour les partisans de la transgenèse la plus débridée. Beaucoup de projets de porcs transgéniques ont en effet été développés ces dernières années chez des cochons d'élevage qui sont donc destinés à l'alimentation humaine.

En 2001, des chercheurs de l'Université canadienne de Guelph (décidément, le Canada !) ont obtenu des porcs transgéniques, auxquels ils ont donné le doux nom de « *Enviropig™* », qui rejettent 60 à 75% de phosphore en moins dans leurs excréments [29]. Comme les poulets, les porcs sont dépourvus de l'enzyme appelée « phytase », laquelle est nécessaire pour digérer l'acide phytique, principale source de phosphore dans les aliments pour animaux. Leurs excréments contiennent donc beaucoup de phosphore, principal responsable de la pollution des cours d'eau et des nappes phréatiques par le lisier de cochons. Un gène détenant le secret de fabrication de l'enzyme phytase a été introduit dans ces porcs de telle sorte qu'ils sécrètent l'enzyme en question dans leur salive, et digèrent ainsi une grande partie de l'acide phytique contenu dans leurs aliments. Ces « *Enviropigs* », dont nous n'avons plus entendu parler, sont censés se trouver dans quelques fermes canadiennes expérimentales.

Tout récemment (en 2007), l'équipe du professeur Winston T.K. Cheng de l'Université Nationale de Taiwan a encore fait mieux en fabriquant des porcs aux déjections inodores et non polluantes [30] ! Ces porcs transgéniques contiennent non seulement le gène de la phytase qui leur permet, comme les « *Enviropigs* », de digérer l'acide phytique, mais également le gène d'une enzyme appelée cellulase et qui leur permet de digérer la cellulose (principal constituant de la paroi des cellules végétales). Ces cochons sont ainsi devenus totalement herbivores et ne mangent plus que des plantes ou des végétaux. Leur fumier est alors sans odeur et contient très peu de substances polluantes. Elle n'est pas belle la vie ? Cependant, les autorités taiwanaises n'ont pas encore déclaré ces porcs génétiquement modifiés propres à la consommation (comme quoi, ce n'est pas parce que la merde est propre que la viande l'est).

Cinq ans plus tôt, en 2006, c'est dans le Missouri qu'ont été obtenus des porcs transgéniques dont la viande a une teneur accrue en Omega-3 [31], ces « bonnes graisses » qu'on trouve essentiellement dans le poisson. A quoi bon manger du poisson alors qu'il suffit d'avoir recours à la transgenèse pour introduire les qualités nutritives de la sardine dans le cochon ? A quand les arrêtes dans le jambon pour obliger ceux qui ont des troubles digestifs ou des ballonnements à manger moins vite ?

Pour le moment, ces « cochons diététiques » ne sont pas encore transformés en rillettes de régime et sont confinés dans des porcheries de laboratoire.

Il y a quelques années, des chercheurs américains du Texas, à Houston, prétendaient avoir obtenu en laboratoire des porcs « géants ». Il s'agissait de porcs transgéniques dont la vitesse de croissance et la taille adulte étaient 40% supérieures à celles du cochon normal (ils grossissaient 1,4 fois plus vite et à l'âge adulte, ils étaient 1,4 fois plus gros), alors que leur ration alimentaire était 25% inférieure à celle du cochon non transgénique ! De quoi séduire les éleveurs intensifs de porcs !

Dans la rubrique des *Outils Génétiques de Marketing*, des chercheurs australiens affirmaient à la même période avoir obtenu des porcs transgéniques dont la croissance était également plus rapide, la viande de meilleure qualité (?), et qui étaient résistants aux maladies courantes (?). Il ne manquerait plus qu'ils fassent l'amour mieux qu'un homme et ce serait parfait ! Mais ne désespérons pas, nous allons y arriver : avec la transgenèse, on peut tout faire !

Ces merveilleux cochons texans et australiens sont restés sans suite. Leur existence avait été relayée il y a quelques années sur le site de l'INRA relatif aux OGM, mais aucune nouvelle information les concernant n'est aujourd'hui disponible. Echec ou choix stratégique ?

Des vaches

Notre agriculture intensive a transformé les vaches en usines à lait, dopées aux ensilages et autres tourteaux de soja, avec des pis qui traînent par terre. L'une des conséquences est que ces vaches développent des mammites, c'est-à-dire des inflammations des glandes mammaires, à répétition.

Dans le New Jersey, en 2005, des chercheurs du Ministère de l'Agriculture américain (USDA) ont conçu des vaches génétiquement modifiées pour qu'elles soient protégées contre les mammites [32]. Les Rousseauistes y verront peut-être une démarche en faveur du bien être animal... Il s'agit en fait d'apporter une réponse aux coûts financiers que représentent les mammites pour les éleveurs, tant en perte de production laitière qu'en soins vétérinaires et médicamenteux... En attendant d'être autorisées à la production commerciale de lait, ces vaches, taguées « *USDA experimental* » sont gardées dans les champs du gouvernement fédéral.

Un autre projet en cours du Ministère de l'Agriculture américain est l'obtention de vaches génétiquement modifiées pour produire des laits spécifiques facilitant leur transformation en yaourts et en fromages.

Des chèvres

En août 2006, l'Université de Californie à Davis annonçait la mise au point de chèvres transgéniques qui produisent un lait présentant les mêmes qualités que celui des femmes, c'est-à-dire un lait contenant beaucoup de lysosymes, des enzymes bactéricides qui bloquent, chez le nourrisson, le développement d'affections intestinales [33].

Quelques autres projets

Beaucoup d'autres animaux transgéniques sont envisagés ou en cours d'élaboration.

C'est le cas, dans le cadre de l'aquaculture, de divers poissons qui présenteraient une plus grande tolérance à certaines conditions environnementales spécifiques comme des faibles taux d'oxygène, qui seraient résistants à diverses pathologies, ou encore qui auraient une capacité plus élevée d'assimilation des protéines végétales afin de réduire la part d'alimentation élaborée à base de poissons [34].

Aujourd'hui, beaucoup d'éleveurs de bovins, convertis au productivisme, veulent des vaches sans cornes pour éviter les « désagréments » causés par les coups de cornes entre animaux dans les élevages. Plusieurs sociétés, spécialisées dans l'amélioration des races et la sélection de bovins, travaillent d'arrache-pied depuis plusieurs années pour sélectionner, par génétique classique, des taureaux sans cornes. C'est le cas de *KSB Génétic* (installée en Haute-Vienne à Veyrac) ou encore de *France Embryons* qui a créé « *Palladin SC* », un taureau Charolais sans cornes dont le sperme devrait être très prisé pour l'insémination artificielle afin d'obtenir des vaches qui ne sauront jamais ce que c'est que d'avoir une paire de cornes [35]. Il ne s'agit pas là de taureaux transgéniques (ce qui ne veut pas dire que ça ne soulève aucune question)

mais il y a fort à parier qu'un certain nombre de laboratoires s'intéresse de très près à l'obtention de tels bovins par bidouillage d'ADN.

De la même manière que des éleveurs considèrent que les cornes n'ont rien à faire sur la tête d'une vache, d'autres voudraient bien priver les truies de leurs dents, au prétexte qu'il arrive que certaines d'entre elles dévorent leurs petits à la naissance [35]. Il est vrai que les dents n'ont pas grande utilité pour manger du tourteau de soja ! Face à cette multitude d'imperfections animales, la transgenèse a encore de beaux jours devant elle.

Micro-organismes d'intérêt agro-alimentaire

De nombreux micro-organismes interviennent dans l'élaboration de produits alimentaires. Ce sont en quelque sorte des « microbes gentils » : levures de boulangerie (pour faire le pain), levures de brasserie (pour faire la bière), levures et bactéries œnologiques (pour faire le vin), champignons et bactéries lactiques (pour faire les yaourts, les fromages...), etc.

Cette implication agro-alimentaire en a fait, pour un certain nombre d'entre eux et depuis de nombreuses années, des modèles de laboratoire de choix. Ils ont donc donné lieu, depuis le milieu des années 70, à de nombreuses modifications génétiques dans le cadre de recherches fondamentales, effectuées bien sûr en espaces confinés, pour comprendre le fonctionnement des gènes et des protéines (cf. chapitre II).

Certains de ces micro-organismes ont également été utilisés comme outils pour produire, par transgenèse, des protéines d'intérêt, que ce soit pour le secteur pharmaceutique (cf. chapitre III) ou pour d'autres secteurs industriels dont l'agro-alimentaire (cf. chapitre IV).

Depuis les années 1990, de nouveaux projets ont commencé à émerger. Il s'agit de fabriquer des micro-organismes d'intérêt agro-alimentaire génétiquement modifiés (MGM) pour les utiliser en tant que tels dans les processus d'élaboration de produits alimentaires.

Le premier de ces projets à avoir vu le jour concerne la levure de boulangerie (*Saccharomyces cerevisiae*). Cette levure — qui est aussi une levure œnologique, c'est-à-dire intervenant également dans le processus de vinification — a la capacité de fermenter les sucres en alcool (éthanol). Cette transformation métabolique, qui est appelée « fermentation alcoolique » s'accompagne d'un dégagement de gaz carbonique : le dioxyde de carbone. C'est ce gaz qui est alors responsable, lors du processus de panification, de la levée de la pâte, et qui conduit à la formation de la partie alvéolée du pain, la mie : à la chaleur, les bulles de gaz carbonique formées dans la pâte éclatent. La totalité de l'alcool produit au cours de ce processus, quant à lui, s'évapore au cours de la cuisson — je sais, c'est dommage, mais c'est comme ça. Il se trouve que le sucre préféré de cette levure est le glucose. Elle dispose donc d'emblée de toutes les enzymes nécessaires à la dégradation du glucose et à sa transformation en éthanol. En d'autres termes, l'usine cellulaire de la levure dispose en permanence des ouvriers prêts à intervenir sur la chaîne de démontage du glucose, les produits de bout de chaîne étant l'éthanol et le gaz carbonique. Mais l'essentiel du sucre présent dans la farine n'est pas sous forme de glucose libre, mais de maltose qui correspond à deux molécules de glucose attachées entre elles. Le maltose provient lui même de l'hydrolyse de l'amidon qui est une répétition d'un très grand nombre de molécules de glucose. Cette hydrolyse de l'amidon résulte de l'action d'enzymes présentes à l'état naturel dans la farine, les amylases, qui, en présence d'eau, découpent donc l'amidon en petites fractions d'un sucre beaucoup plus simple : le maltose. Pour utiliser le maltose, la levure a alors besoin de deux protéines – deux ouvriers – supplémentaires : un transporteur de maltose (pour le faire rentrer à l'intérieur de la cellule de levure) appelé «maltose perméase» et une enzyme appelée maltase qui va couper le maltose en deux molécules de glucose libre. La cellule fonctionnant à l'économie, ces deux ouvriers ne seront présents dans la cellule de levure – autrement dit, les deux gènes qui détiennent leur secret de fabrication ne seront traduits en protéine – que si la levure en a besoin, c'est-à-dire si le sucre qui lui est mis à disposition est exclusivement (ou quasi exclusivement) du maltose et non du glucose libre. Or il faut à peu près trois heures à la levure de boulangerie pour « identifier » la nature des sucres dont elle dispose et adapter son contenu enzymatique en fonction. Autrement dit, il faut environ trois heures à la levure après qu'elle ait été mise au contact de la pâte pour disposer du transporteur de maltose et de la maltase, et ainsi commencer à utiliser le maltose et le transformer en éthanol et en gaz carbonique. Ce qui signifie que la pâte ne commencera à lever qu'environ trois heures après l'ajout des levures dans le pétrin. C'est donc à cause de ces fainéantes de levure que le boulanger fait partie de la France qui se lève tôt.

Une souche de levure de boulangerie a alors été génétiquement modifiée pour qu'elle dispose en permanence du transporteur de maltose et de la maltase (quel que soit le sucre mis à sa disposition) – c'est-à-dire pour que ces

deux ouvriers soient toujours prêts à intervenir. Pour ce faire, les gènes correspondants ont été modifiés (en remplaçant leurs promoteurs respectifs par des ***promoteurs*** provenant d'autres gènes de la même levure) de façon à ce qu'ils soient en permanence exprimés (traduits en protéines). Cette levure génétiquement modifiée est autorisée en Angleterre depuis 1998 [36]. Je me rappelle avoir analysé le brevet correspondant lorsque j'étais étudiant à Bordeaux, dans le cadre d'un module d'enseignement appelé « Génie Génétique Appliqué ». Cette levure génétiquement modifiée était présentée comme un progrès fantastique qui allait permettre au boulanger de gagner des heures de sommeil !

Les OGM contre la France qui se lève tôt : voilà peut-être d'où viennent les réticences de Nicolas Sarkosy sur les organismes génétiquement modifiés.

Il est à noter ici – et c'est le cas pour de nombreux autres MGM – que la modification génétique ne fait pas intervenir de constructions génétiques provenant d'un autre organisme. Ce sont des gènes ou des morceaux de gènes (ici, des promoteurs) provenant du même organisme. Il s'agit donc de MGM non transgéniques auxquels il est donné le doux qualificatif de « SAGE » (pour : Sans Addition de Gène Extérieur). Les concepteurs de ces MGM non transgéniques disent alors qu'ils ont été obtenus par ***autoclonage***. Ce terme ne veut rien dire mais cette précision a son importance car le but est de permettre à ces MGM d'échapper à la réglementation des organismes transgéniques [37].

Un autre exemple de MGM commercialisé concerne encore la levure *Saccharomyces cerevisiae*, mais à des fins œnologiques cette fois. Il s'agit d'une levure transgénique, appelée ML-01, distribuée par la compagnie américaine *Springer Œnologie* du Groupe français *Lesaffre* [38], et autorisée aux Etats-Unis depuis 2003 et au Canada depuis 2006. La vinification comprend deux grands processus de fermentation : la fermentation alcoolique (cf. paragraphe précédent) assurée par des levures (*Saccharomyces cerevisiae*) et la fermentation malo-lactique qui consiste à convertir l'acide malique en acide lactique et ainsi à réduire l'acidité du vin (l'acidité de l'acide lactique étant environ deux fois moindre que celle de l'acide malique). Cette fermentation malo-lactique est réalisée après la fermentation alcoolique par des bactéries œnologiques (*Oenococcus oeni*) qui sont naturellement dotées de deux protéines — deux ouvriers — nécessaires à ce processus : un transporteur d'acide malique (qui permet à l'acide malique de rentrer dans la cellule de bactérie) et une enzyme appelée « *enzyme malo-lactique* » (qui le convertit en acide lactique). Ces bactéries sont sensibles à un certain nombre de paramètres physico-chimiques qui peuvent se trouver modifiés à l'issue de la fermentation alcoolique. Dans certains cas, il en résulte une inhibition des bactéries en question, ce qui conduit à un blocage ou un retardement de la fermentation malo-lactique. La levure transgénique ML-01 est une levure capable de réaliser les deux fermentations et qui permet donc de s'affranchir de la nécessité et de la susceptibilité des bactéries œnologiques. Elle contient deux transgènes : l'un provenant d'une autre levure alimentaire (*Schizosaccharomyces pombe*) et détenant le secret de fabrication d'un transporteur d'acide malique ; l'autre provenant de la bactérie *Oenococcus oeni* et permettant la fabrication de l'enzyme malo-lactique.

Les deux fermentations sont alors réalisées simultanément, ramenant la durée totale de l'ensemble des deux processus à cinq jours : après la *fast food*, le *fast wine* !

L'autorisation de cette levure transgénique, qui est véritablement disponible sur le marché nord-américain depuis 2007, fait actuellement grand débat en Australie et en Afrique du Sud. Elle n'a fait l'objet d'aucun test sanitaire. Aux Etats-Unis, les levures œnologiques, comme tous les micro-organismes intervenant dans des processus d'élaboration de produits alimentaires, sont considérées comme de simples additifs alimentaires, et peuvent donc échapper à l'exigence de toute évaluation avant leur mise sur le marché à partir du moment où ils obtiennent de la FDA[9] la désignation de « GRAS » (pour « *Generally Recognized As Safe* » qui signifie « Généralement reconnu comme étant sans danger »). Pour qu'un additif alimentaire ait droit à la désignation « GRAS », il faut qu'il ait déjà fait preuve d'une longue utilisation dans la nourriture sans qu'aucun problème sanitaire associé particulier n'ait pu être mis en évidence. Bien sûr, il n'y a aucun recul sur l'utilisation de la levure transgénique ML-01. Mais la FDA a considéré qu'elle méritait néanmoins la désignation « GRAS » au prétexte que l'organisme initial (la levure *Saccharomyces cerevisiae*) ainsi que les deux organismes d'où proviennent les deux transgènes qui y ont été introduits (la levure *Schizosaccharomyces pombe* et la bactérie *Oenococcus oeni*) sont des micro-organismes utilisés depuis toujours dans l'alimentation et qui ont eux-mêmes déjà le statut de « GRAS » [39] ! C'est aussi stupide et simpliste que de considérer qu'une voiture pilotée par un enfant de dix ans ne présenterait aucun danger particulier au prétexte que la voiture en question aurait obtenu le contrôle technique et que l'enfant au volant serait

9 *FDA = Food and Drug Administration : L'office du contrôle pharmaceutique et alimentaire aux Etats-Unis.*

un enfant équilibré, bien élevé et qui travaille bien à l'école ! Cette absence ou carence d'évaluation des organismes transgéniques est aggravée par la notion d' « ***équivalence en substance*** » sur laquelle s'appuient tous les gouvernements (et pas seulement les Etats-Unis cette fois) ainsi que toutes les instances d'évaluation en matière d'OGM, et qui consiste à considérer qu'un organisme génétiquement modifié ne diffère de l'organisme initial à partir duquel il a été obtenu (ici, la levure *Saccharomyces cerevisiae*) que par les gènes qui y ont été introduits ou modifiés. Mais je ne vais pas développer cet aspect ici car j'y reviendrai longuement dans le chapitre VII (cf. **L'équivalence en substance : une notion scientifiquement absurde**).

Il y a aujourd'hui de multiples autres projets de micro-organismes génétiquement modifiés pour être utilisés en tant que tel dans l'élaboration de produits alimentaires (et je ne pourrai bien sûr pas être exhaustif).

C'est encore le cas de la levure de boulangerie (*Saccharomyces cerevisiae*, qui est donc aussi la levure œnologique) dont certaines souches sont génétiquement manipulées dans le but d'obtenir une fermentation plus rapide et ainsi de diminuer le temps de levée de la pâte, ou inversement, pour les rendre capables de réaliser une fermentation lente à basse température (pour des pâtes destinées à être conservées au froid), ou encore pour leur permettre de résister au séchage (pour les levures qui doivent être produites sous forme de ferments secs actifs), pour « améliorer » les propriétés organoleptiques du vin, etc. C'est le cas également de levures de brasserie génétiquement modifiées pour « améliorer » la flaveur de certaines bières.

Ces projets concernent aussi de nombreuses bactéries lactiques, comme *Lactococcus lactis* dont certaines souches ont été génétiquement modifiées pour permettre une accélération de l'affinage des fromages. Les bactéries lactiques, comme les bactéries du vin, sont sensibles à un certain nombre de paramètres physico-chimiques. Or le milieu de culture que représente le lait pour ces bactéries est variable d'un jour à l'autre, d'une production à une autre (dans la nature des sucres et des substances azotées qu'il contient par exemple). Il y a donc une volonté particulière dans l'industrie laitière et fromagère d'obtenir par modification génétique des bactéries lactiques « standardisées » qui seraient moins dépendantes de leur milieu et qui pourraient donc s'adapter aux fluctuations de la composition des laits.

Bien qu'aucun MGM n'est aujourd'hui autorisé à l'utilisation dans les produits alimentaires en France, beaucoup de ces projets font déjà l'objet de brevets [40]. Et il existe un lobbying très fort au niveau européen pour que ces micro-organismes puissent échapper un jour à la législation classique des OGM, d'où la volonté croissante de réaliser ces MGM par « ***autoclonage*** », c'est-à-dire avec des gènes ou des fragments de gènes provenant de la même espèce (cf. ci-dessus).

VI. RISQUES SANITAIRES ET ENVIRONNEMENTAUX LIÉS AUX OGM AGRO-ALIMENTAIRES

« Un jour viendra peut-être — qui sait si ce n'est pas aujourd'hui ? — où la science reprendra sa figure normale : source de sagesse et non de puissance, à l'égal de la musique et de la poésie : une interprétation de la Nature, et non une exploitation éhontée »

Charles Morgan
Le Cristal ardent

Comme nous l'avons vu au chapitre précédent, les OGM utilisés dans l'agro-alimentaire ne sont plus des outils mais des organismes à part entière qui ont le même devenir dans les champs et dans les assiettes que leurs homologues conventionnels, ce qui soulève inévitablement des questions d'ordres sanitaire et environnemental (indépendamment des réponses que l'on peut y apporter et des *a priori* de chacun sur les OGM). Ce sont ces deux aspects qui vont être abordés dans ce chapitre, non pas de manière exhaustive bien sûr, mais à travers quelques questions fondamentales auxquelles on se devrait de répondre avant d'autoriser tout OGM à la culture en plein air et à la consommation animale et/ou humaine.

Dans un premier temps, je traiterai des impacts sanitaires et environnementaux de chacune des deux grandes catégories de plantes-pesticides (plantes produisant un insecticide et plantes tolérant un herbicide) qui, je le rappelle, représentent dans leur ensemble plus de 99% des OGM agricoles cultivés à la surface de la planète ou faisant l'objet de demande d'autorisation. Je m'intéresserai ensuite aux risques liés spécifiquement aux PGM résistantes à des virus (qui représentent l'essentiel des autres plantes agricoles transgéniques). Enfin, j'aborderai un certain nombre d'aspects spécifiques (sanitaires ou environnementaux) concernant l'ensemble des OGM dans l'agro-alimentaire (déjà autorisés ou en projets).

Plantes produisant un (ou des) insecticide(s) (plantes *Bt*)

Ces plantes sont souvent abusivement appelées « plantes résistantes à un insecte ». Il s'agit d'une appellation inappropriée car elle signifie certes que la plante est insensible à l'insecte mais elle ne sous-entend aucune propriété négative de la plante sur l'insecte : un insecte qui vient sucer une plante qui lui est résistante repart comme il est venu. Or, dans le cas des plantes *Bt*, l'insecte concerné meurt. Il s'agit de plantes qui sont elles-mêmes insecticides : une plante *Bt* produit l'insecticide qui lui permet de se débarrasser d'un (ou de plusieurs) insecte(s) ravageur(s). Il est donc beaucoup plus précis et plus juste de parler de « plantes-insecticides ».

Devenir de l'insecticide dans la chaîne alimentaire

D'un point de vue sanitaire, se pose donc la question du devenir de l'insecticide (produit dans la plante) dans la chaîne alimentaire. Or il n'existe aucun suivi sanitaire systématique des animaux nourris avec du maïs *Bt* (pas plus qu'avec n'importe quelle autre PGM d'ailleurs) [41]. Les insecticides produits dans les plantes *Bt* sont considérés non toxiques au prétexte qu'il s'agit de protéines (appelées «Cry» ; cf. chapitre V : **Plantes-pesticides - *Plantes produisant un insecticide***) – et donc de molécules naturelles – et non de pesticides chimiques de synthèse. Outre le fait qu'il s'agit de ***protéines recombinantes*** qui n'ont donc rien de naturelles et qui présentent d'ailleurs de très importantes différences avec leurs homologues naturellement fabriquées dans la bactérie du sol *Bacillus thuringiensis* (cf. ci-dessous : ***Différences entre l'insecticide produit par la plante et celui produit par la bactérie***), le caractère naturel d'une molécule, ou plus particulièrement le fait que ce soit une protéine, ne l'exonère en rien d'une éventuelle toxicité ou de graves effets secondaires. N'oublions pas, encore une fois, que l'agent infectieux responsable des maladies dégénératives du système nerveux central appelées encéphalopathies spongiformes (maladie de la vache folle, tremblante du mouton, maladie de Creutzfeldt-Jakob...), le prion, est une protéine (cf. chapitre I : **Quelques « petites » remarques d'importance**). Pour beaucoup de médicaments, le principe actif n'est autre qu'une protéine : c'est le cas notamment de certaines hormones comme l'insuline, de vaccins, etc. (cf. chapitre III). Si ces médicaments ne présentent aucun danger, pourquoi ne font-ils pas partie des produits pharmaceutiques en libre accès et pourquoi nécessitent-ils au contraire une prescription médicale ? L'administration d'insuline (même d'origine humaine) à un individu en bonne santé ou de façon incontrôlée à un diabétique insulino-dépendant aurait évidemment des conséquences très fâcheuses. N'oublions pas non plus que certains venins sont des protéines, que de nombreuses réactions allergiques sont provoquées par des protéines, etc.

La prétendue absence de toxicité des insecticides *Bt* en raison de leur caractère protéique repose sur le principe qu'une protéine ingérée est censée être totalement dégradée dans l'estomac en ***acides aminés*** – les fameuses perles (cf. chapitre I : Quelques notions indispensables) –, molécules constitutives des protéines et donc naturellement présentes dans toutes les cellules, et connues pour être inoffensives. C'est faire fi des nombreuses exceptions à cette « règle ». Là encore, n'oublions pas que le prion est capable de passer la barrière digestive sans être dégradé (dans le cas contraire, il n'y aurait pas de transmission des maladies à prion par les aliments comme dans le cas de la vache folle avec les farines animales). Il est courant de retrouver dans les selles des morceaux d'aliments intacts alors qu'ils sont censés avoir été totalement digérés et dégradés lors de leur passage dans l'estomac. La digestibilité d'une protéine peut être testée *in vitro*, dans un tube à essai contenant un milieu liquide censé mimer le milieu stomacal (acidité, enzymes digestives…). Lors de ces tests, les protéines *Bt* sont effectivement totalement dégradées en acides aminés. Le souci est que le même résultat est obtenu avec la toxine cholérique, une protéine qui constitue le facteur pathogène de la maladie du choléra et qui agit en se fixant aux cellules intestinales. Doit-on en déduire que l'on peut ingérer cette toxine sans risquer de contracter le choléra ?

Des études, réalisées il y a maintenant plus de dix ans, ont pourtant montré que l'un des insecticides *Bt* peut affecter des globules rouges humains *in vitro* [42], et un autre les cellules intestinales de souris *in vivo* [43]. De plus, une étude toute récente a montré que la protéine Cry1Ab recombinante (produite dans un riz transgénique) engendre une réponse immunitaire chez le rat [44]. Ces données scientifiques devraient donc inciter à la plus grande prudence…

Devenir de l'insecticide dans l'environnement

De la même manière, se pose la question du devenir des insecticides produits par les plantes *Bt* dans l'environnement. L'insecticide, produit en permanence dans la plante, s'accumule dans toutes ses cellules, et notamment dans les racines par lesquelles il peut être libéré dans le sol (celles-ci se comportant comme de véritables passoires). Ce phénomène a d'ailleurs été scientifiquement démontré chez des maïs, pommes de terre et riz transgéniques *Bt* [45, 46], et en particulier pour l'insecticide Cry1Ab produit dans le maïs *Bt* MON810 (ainsi que dans les maïs *Bt*11 et *Bt*176) [47]. La protéine *Bt* Cry1Ab ainsi libérée par les racines du maïs MON810 peut alors être absorbée sur des particules d'argile [48], et une étude publiée en 2005 a montré qu'elle persistait dans le sol en restant biologiquement active pendant au moins 7 mois [49]. Une autre étude a également montré une grande persistance (pendant plus de 200 jours, durée de l'étude réalisée) de la protéine Cry1Ab dans les résidus de maïs MON810 restant dans les champs [50]. La dégradation de cette protéine *Bt* s'étant avérée être quasiment nulle pendant la période hivernale, sa persistance concerne tout particulièrement des régions comme l'Europe où les hivers sont relativement froids. Mais les effets cumulatifs à long terme de la culture continue sur plusieurs années du maïs OGM *Bt* dans le contexte européen n'ont pas été évalués, alors qu'ils sont évidemment essentiels en terme d'appréciation des risques.

Si les plantes *Bt* permettent *a priori* de diminuer la quantité d'insecticide pulvérisé sur les cultures, elles ne permettent donc nullement de s'affranchir de la présence de l'insecticide dans l'environnement. Il serait d'ailleurs très intéressant de connaître précisément la différence, à l'hectare, entre la quantité d'insecticide produit par une plante *Bt* et la quantité pulvérisée sur la même plante non transgénique dans la méthode conventionnelle. Ce sont malheureusement des données auxquelles il est extrêmement difficile d'accéder, et ce principalement pour deux raisons.

La première est qu'il faut tenir compte du fait que dans la méthode conventionnelle, la pulvérisation de l'insecticide n'est en général pas systématique. Par exemple, dans le cas de la protection du maïs contre la pyrale, la pulvérisation n'a lieu que s'il y a présence du papillon sur la culture. En effet, ce qui est dangereux pour le maïs n'est pas la pyrale elle-même mais la chenille. Par conséquent, si on traite avant que le papillon ne ponde ses œufs, c'est gagné. Autrement dit, on ne fait pas de préventif mais uniquement du curatif : si le maïs n'est pas du tout visité par la pyrale, il n'est pas traité. En revanche, avec le maïs *Bt*, l'insecticide est produit en permanence, que le papillon soit là ou non !

La seconde raison de la difficulté d'accéder à ces données est double. D'une part, jusqu'en 2007, il n'existait aucune étude sur la mesure de la concentration de toxine *Bt* dans les plantes-insecticides, ce qui signifie au passage que toutes les plantes *Bt* autorisées à la culture commerciale (dont le maïs MON810 en Europe) l'ont été sans même connaître leur concentration en insecticide ! D'autre part, la première étude sur de telles mesures, publiée en 2007 et concernant le maïs MON810, montre une très grande variation de la concentration de toxine *Bt* d'une plante à l'autre, et notamment d'énormes différences entre différents champs ainsi que pour un même champ en fonction des saisons [51]. Ces résultats ont été confirmés par une toute récente étude réalisée par Greenpeace Allemagne sur 600 échantillons de MON810 prélevés dans des champs allemands et espagnols : la concentration de toxine *Bt* présente une variation allant de 1 à 100 d'une plante à l'autre, y compris à l'intérieur d'un même champ [52] ! Ces toutes nouvelles données illustrent une fois de plus la déficience du système d'évaluation des OGM, y compris en Europe (cf. chapitre VII).

Différences entre l'insecticide produit par la plante et celui produit par la bactérie

De nombreux inconditionnels des OGM agricoles en général et du MON810 en particulier affirment sans sourciller que la quantité de toxine produite importe peu à partir du moment où elle permet à la plante de lutter contre l'insecte ravageur concerné, étant donné que ces toxines sont identiques à celles fabriquées naturellement par la bactérie du sol *Bacillus thuringiensis* qui, de plus, est autorisée en agriculture biologique. C'est totalement faux : la protéine naturelle (fabriquée dans la bactérie *B. thuringiensis*) et la protéine recombinante (fabriquée dans la plante) ne sont pas les mêmes ! Outre le fait, encore une fois, que nous n'avons jamais la certitude que la protéine recombinante a le même repliement dans l'espace et a subi les mêmes éventuelles ***modifications post-traductionnelles*** que la protéine naturelle (cf. chapitre I : Quelques « petites » remarques d'importance), le transgène (introduit dans la plante et qui permet donc la fabrication de la protéine recombinante) n'est pas le gène naturel de la bactérie (qui, lui, détient le secret de fabrication de la protéine naturelle) mais un gène modifié, une chimère génétique construite de toute pièce : la fameuse ***CGA*** (***construction génétique artificielle***) (cf. chapitre I : Quelques « petites » remarques d'importance). Ces modifications du gène naturel concernent son ***promoteur*** et son ***terminateur*** (séquences situées au début et à la fin du gène et qui ne sont pas traduites en protéine) mais également en partie la ***séquence codante*** (celle qui, par définition, est traduite en protéine) où des ***nucléotides*** — les let-

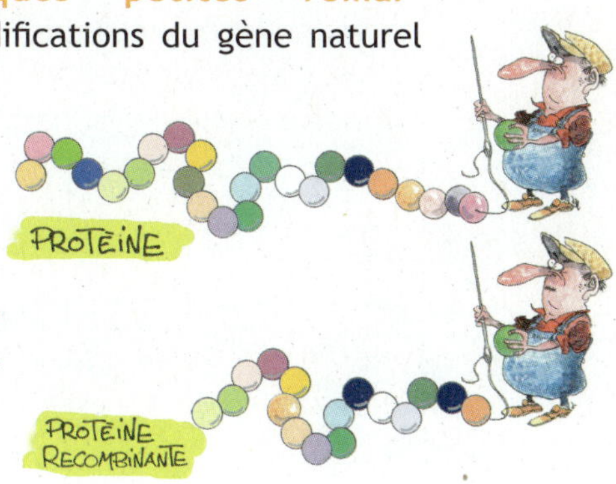

tres A, G, C, T – ont été éliminés, d'autres remplacés. Il en résulte bien sûr des modifications de la protéine correspondante qui se trouve alors amputée de certains ***acides aminés*** – certaines perles – et où d'autres ont été changés. Dans le cas des CGA correspondant aux gènes *Bt* introduits dans les plantes, la séquence codante est tronquée jusqu'à 44% [41]. La protéine Cry correspondante est alors « raccourcie » d'autant. Ce n'est donc plus la même protéine et ce n'est bien sûr pas sans conséquence sur ses propriétés et son activité. Prenons justement l'exemple de la protéine Cry1Ab fabriquée dans le maïs MON810. Cette protéine est soluble alors que son homologue naturelle (fabriquée dans la bactérie *Bacillus thuringiensis*) est produite sous forme de cristal. Les deux protéines n'ont donc pas du tout les mêmes propriétés physico-chimiques. Et le fait que la protéine recombinante soit soluble, et non cristalline, la rend active non seulement contre la pyrale, mais également contre la sésamie, un autre insecte ravageur du maïs (pour le plus grand bonheur du semencier qui fait alors d'une pierre deux coups). La protéine Cry1Ab naturelle de *B. thuringiensis* n'a, elle, aucun effet sur cet insecte. On a donc à faire à un nouvel insecticide à part entière – avec des nouvelles propriétés physico-chimiques, un nouveau spectre d'activité biologique – mais qui n'a fait l'objet, en tant que tel, d'aucune évaluation particulière au prétexte qu'il est considéré comme étant identique à celui produit par la bactérie déjà autorisé en agriculture biologique. C'est une énorme supercherie !

Effets des plantes insecticides sur la faune

Un certain nombre d'études de ces dernières années ont effectivement montré des effets toxiques des maïs *Bt* produisant la protéine recombinante Cry1Ab sur ce qui est appelé « la faune non cible », c'est-à-dire sur des animaux autres que les insectes visés (pyrale et sésamie). C'est le cas notamment sur le lombric (ver de terre) où une toxicité (se caractérisant par une perte de poids) a été mise en évidence après six mois de contact avec des détritus de maïs *Bt* [53], sur le papillon monarque [54, 55], sur le papillon de nuit *Spodoptera littoralis* (un ravageur des plantations de coton) [56, 57], ainsi que sur des insectes qui sont eux-mêmes des ennemis naturels des insectes ravageurs des cultures, tels que la guêpe *Cotesia marginiventris* [57] et le coléoptère *Poecilus copreus* [58]. Lorsque ces insectes prédateurs sont nourris avec des chenilles de *Spodoptera littoralis* nourries elles-mêmes avec du maïs *Bt* produisant la toxine Cry1Ab, d'importants effets toxiques sont observés : diminution de la taille des cocons, augmentation du temps de développement, et mortalité accrue (qui augmente de 100% en 40 jours dans le cas de *Poecilus copreus* !).

Trois autres études récentes ne font qu'aggraver le cas du maïs *Bt* produisant la toxine Cry1Ab. L'une, publiée en 2007, rapporte une toxicité (se traduisant par une diminution de la croissance et une augmentation de la mortalité) sur deux insectes aquatiques présents dans les ruisseaux et dans les fossés de drainage en bordure des champs [59]. Une autre (2008) met en évidence d'importants effets sur la puce d'eau *Daphnia magna* [60], petit crustacé abondamment présent dans les eaux de mares riches en substances organiques, et très utilisé à la fois comme organisme modèle dans les études d'écotoxicologie et comme aliment pour poissons par les aquariophiles. Les auteurs observent une augmentation importante de la mortalité ainsi qu'une diminution de la proportion de femelles atteignant la maturation sexuelle et une diminution de la production

d'œufs chez les puces d'eau nourries avec le maïs *Bt* par rapport à celles nourries avec le maïs conventionnel correspondant. Ces effets sur les organismes aquatiques sont d'autant plus importants et inquiétants qu'il a été montré d'une part que le pollen et les détritus de maïs sont dispersés, décomposés et consommés dans des environnements aquatiques à proximité des champs de culture *(*ruisseaux, fossés*)* [59], et d'autre part que le transgène du maïs *Bt* produisant Cry1Ab (c'est-à-dire la CGA permettant la fabrication de la toxine Cry1Ab recombinante) persiste pendant plus de 40 jours dans l'eau et est détecté dans les rivières entourant les parcelles de maïs *Bt* (pouvant ainsi être transporté sur de longues distances) [61]. Enfin, une troisième étude toute récente (juin 2008) réalisée par l'équipe de recherche d'Angelika Hilbeck de l'Institut de Biologie Intégrative à Zurich rapporte une toxicité inattendue chez la coccinelle (*Adalia bipunctata*) de la protéine Cry1Ab telle qu'elle est produite dans la plante [62]. Cette étude a par ailleurs révélé que cette toxicité est également observée, à un moindre degré, avec la protéine Cry3Bb produite dans le maïs *Bt* MON863 pour lutter contre la chrysomèle (cf. chapitre V : **Plantes-pesticides** - ***Plantes produisant un insecticide***).

Sélection d'insectes résitants à l'insecticide

La production permanente d'insecticide par une culture de plantes *Bt* crée un nouveau milieu de sélection qui peut favoriser le développement de résistances chez les insectes.

Des insectes résistants (à un insecticide particulier) peuvent apparaître spontanément et être naturellement présents dans une population donnée d'insectes, mais ils sont très minoritaires, et le restent tant que l'on ne crée pas d'avantage sélectif en leur faveur. Dans l'agriculture conventionnelle où la pulvérisation de l'insecticide est ponctuelle et donc limitée dans le temps, il ne porte pas une atteinte massive à l'ensemble des populations de l'insecte concerné au point d'inverser les proportions des insectes sensibles et des insectes résistants au sein de ces populations. En revanche, dans le cas des cultures *Bt* où, encore une fois, la production de l'insecticide est permanente, les insectes ciblés seront décimés massivement. Il en résultera un enrichissement, au sein d'une population donnée, en insectes résistants qui finiront, après quelques générations, par devenir majoritaires sur l'ensemble des populations de l'insecte concerné (en tout cas pour une région géographique donnée). C'est exactement le même phénomène que dans le milieu hospitalier où l'utilisation excessive et permanente d'antibiotiques a conduit à la sélection de bactéries résistantes aux antibiotiques et responsables aujourd'hui de maladies nosocomiales.

Ce risque de sélection d'insectes résistants est d'autant plus important que les cultures de plantes *Bt* s'inscrivent dans une logique d'agriculture intensive. Il s'agit donc d'énormes parcelles qui, pour reprendre une expression de Gilles-Eric Séralini, « *attirent les papillons comme des phares allumés dans la nuit* ».

Pour tenter de prévenir ou de limiter ce phénomène, les cultures de plantes *Bt* sont accompagnées de réglementations instaurant la mise en place, à proximité de ces cultures transgéniques, de ce qui est appelé des « zones refuges ». Il s'agit de parcelles plantées avec la variété conventionnelle correspondante (et qui est donc sensible à l'insecte ciblé par la plante-insecticide voisine). Ces parcelles ont pour but de maintenir un réservoir d'insectes sensibles, et donc de limiter, ou plutôt de retarder, la sélection d'insectes résistants. Mais ces zones se sont avérées être d'une efficacité très limitée, notamment en raison de leur contamination par du pollen des plantes *Bt* voisines. C'est ce que l'équipe du Professeur Tabashnik de l'Université d'Arizona a mis en évidence en 2004 avec du maïs *Bt* [63]. Il avait alors alerté en concluant : « *Il est temps de redéfinir les règles des cultures transgéniques* ». En guise de réponse, l'Agence américaine de Protection de l'Environnement (EPA) n'a rien trouvé de mieux que d'autoriser les agriculteurs de l'Est des Etats-Unis cultivant le coton *Bt* 15985 (Bollgard II) de *Monsanto* (coton produisant deux insecticides, Cry2Ab2 et Cry1Ac, ciblant des lépidoptères) de cultiver, en guise de zones refuges, des plantes autres que du coton [64] ! C'est effectivement un bon moyen de surmonter le problème de contamination croisée entre les parcelles transgéniques et les zones refuges ! Mais s'agit-il toujours de refuges pour les insectes ravageurs du coton ?

La suite a donné raison au Professeur Tabashnik qui a publié tout récemment (février 2008) les résultats d'une compilation de dix années d'études démontrant l'acquisition, chez certaines populations du papillon *Helicoverpa zea*, d'une résistance à l'insecticide Cry1Ac produit par du coton *Bt* dans les Etats d'Arkansas et du Mississipi [65]. Les premières chenilles de papillon résistantes ont été détectées à partir de 2003 dans des champs de ces deux Etats. Certaines étaient capables de survivre à des doses d'insecticide 500 fois supérieures à celles nécessaires pour tuer ces insectes, dans les mêmes parcelles, avant l'introduction de ce coton *Bt*. En Arkansas, cette résistance est apparue malgré la présence de champs non OGM pouvant faire diversion pour 39% de la population d'*Helicoverpa zea*, et, selon le Professeur Tabashnik, elle pourrait être totale d'ici neuf ans. Un autre cas de résistance à la toxine *Bt* du coton transgénique avait déjà été rapportée chez le ver du coton en 2004 [66]. Par ailleurs, deux études de 2007 montrent l'apparition d'une résistance au maïs transgénique *Bt* produisant l'insecticide

Cry1Ab chez deux lépidoptères qui sont des cibles secondaires de cette toxine : un insecte foreur de la canne à sucre dans le Nord Est de la Louisiane [67], et le foreur africain des graminées en Afrique du Sud [68].

Si de telles résistances venaient à se généraliser, les insecticides produits par les plantes *Bt* deviendraient alors inefficaces. Pour se débarrasser des insectes devenus résistants, les agriculteurs n'auraient d'autres solutions que d'avoir recours à des épandages beaucoup plus importants des insecticides correspondants ou de nouveaux insecticides qui viendraient alors s'ajouter dans l'environnement à ceux produits par la plante.

Plantes tolérant un herbicide (plantes *Roundup Ready®* ou *Liberty Link®*)

Là encore, il est incorrect de parler de « plantes résistantes à un herbicide » car le terme de résistance ne sous-entend nullement que l'herbicide est présent dans la plante, bien au contraire : la résistance d'une plante à un herbicide donné implique que celui-ci ne puisse pénétrer à l'intérieur de ses cellules. Or il s'agit ici de plantes génétiquement modifiées pour ne plus mourir sous l'effet du principe actif de l'un ou l'autre de ces désherbants (le glyphosate pour le Roundup et le glufosinate pour le Liberty). L'herbicide est donc bien présent à l'intérieur des cellules de ces plantes qui ne font, par conséquent, que le tolérer. Il ne s'agit pas là d'un simple détail de sémantique puisque la présence, dans la plante, de l'herbicide (qui va pouvoir s'y accumuler étant donné que la plante ne meurt plus après l'avoir absorbé) va bien évidemment augmenter considérablement les risques sanitaires liés à ces PGM.

Impacts sanitaires

Comme pour les plantes-insecticides, se pose bien sûr la question du devenir et des effets du pesticide (ici, l'herbicide) dans la chaîne alimentaire. Que devient l'herbicide chez l'animal qui mange la plante, et chez l'homme qui mange l'animal qui a mangé la plante, ou qui boit son lait, ou qui mange ses œufs, etc. ? Cette question vaut également pour l'Europe, bien qu'aucune culture commerciale de PGM tolérant un herbicide y soit autorisée : dans les élevages intensifs des pays européens, les vaches, les cochons, les poules y sont nourris avec des tourteaux – ce qui reste de la plante oléagineuse lorsqu'on en a extrait l'huile – de soja au Roundup provenant des Etats-Unis, du Brésil ou d'Argentine. Or les herbicides associés aux OGM, comme le Roundup, ou leurs dérivés métaboliques (c'est-à-dire les molécules résultant de leur transformation dans les cellules des organismes) sont connus pour se concentrer dans la chaîne alimentaire, notamment en se liant à l'***ADN (chromosomes)*** des mammifères après ingestion [41].

Les communicants de *Monsanto* diront sans doute, qu'en ce qui concerne le Roundup, cela importe peu puisqu'il est sans danger et que l'on peut en boire ! Vous faites comme vous voulez, mais je ne vous le conseille pas. Un certain nombre d'effets secondaires liés à la concentration de ces molécules dans la chaîne alimentaire ont déjà été décrits [69,70].

De nombreuses études ont montré que le Roundup et/ou le glyphosate affectent des cellules, des organes ou des processus biologiques chez les animaux et les humains. Notamment, des modifications de la qualité du sperme et du volume d'éjaculation ont été rapportées chez des lapins exposés au glyphosate [71], des effets toxiques ont été mis en évidence sur le foie et les reins de souris [72], sur des cellules sanguines chez l'homme [73] ainsi que sur d'autres cellules humaines [74]. L'équipe du Professeur Robert Bellé de l'Université Pierre et Marie Curie et du CNRS à Roscoff a montré que le Roundup provoque un blocage du cycle de division des cellules chez des embryons d'oursins (un modèle reconnu pour l'étude du cycle cellulaire) en agissant sur un complexe de protéines présent et régulant le cycle de division des cellules dans toutes les espèces animales (dont l'espèce humaine) [75-77]. Etant donné que l'apparition de cellules tumorales et de cancers résulte d'une dérégulation du cycle cellulaire, les travaux de l'équipe du Professeur Bellé laissent craindre des risques importants d'apparition ultérieure de cancers liés à l'utilisation et/ou à l'inhalation de ce pesticide, d'autant plus que ces dysfonctionnements cellulaires ont été observés à des concentrations de Roundup 500 à 4000 fois inférieures à celles utilisées et pulvérisées en agriculture [76] ! Une enquête conduite par le Département de Santé Publique de l'Université de Californie a d'ailleurs conclu que le glyphosate est au premier rang des maladies provoquées par les pesticides chez les ouvriers paysagistes et au troisième rang chez les ouvriers agricoles de cet Etat [78].

Par ailleurs, une équipe américaine de Caroline du Nord, en collaboration avec un laboratoire canadien, a mené une étude portant sur des couples d'agriculteurs de l'Ontario utilisant des pesticides, notamment à base de glyphosate, et ont montré que les femmes des couples en question avaient des problèmes de grossesses (fausses couches, accouchements prématurés) [79]. Depuis, deux autres études ont mis en évidence des perturbations de la gestation chez des rates exposées au glyphosate [80, 81].

L'équipe du Professeur Gilles-Eric Séralini de l'Université de Caen, qui s'intéresse spécifiquement aux effets des pesticides sur la santé, a mis en évidence des effets toxiques du Roundup et du glyphosate, toujours à des doses très inférieures à celles utilisées en agriculture, sur des cellules placentaires humaines et, de façon encore plus importante, sur des cellules embryonnaires humaines (qui s'avèrent être 2 à 4 fois plus sensibles que les cellules placentaires) [82, 83]. Elle a également montré que cet herbicide bloque l'activité de l'aromatase, une enzyme nécessaire à la synthèse des hormones sexuelles oestrogènes – c'est-à-dire un ouvrier de la chaîne d'assemblage des oestrogènes dans les usines cellulaires humaines – [82, 83]. Tous ces travaux effectués par l'équipe du Professeur Séralini pourraient expliquer, au moins en partie, les problèmes de grossesses mentionnés ci-dessus.

Par ailleurs, le Roundup s'est avéré être beaucoup plus toxique que le glyphosate seul [73, 75, 82, 83], ce qui signifie que les additifs présents dans le Roundup stimulent l'effet du glyphosate considéré comme étant le principe actif. Le souci est que l'essentiel des études toxicologiques des pesticides porte sur le seul principe actif et non sur la formule commercialisée !

En ce qui concerne le glufosinate, principe actif du Liberty (mais également de l'herbicide Basta), il s'agit d'un composé qui ressemble à une molécule impliquée dans la transmission de l'influx nerveux, et il est d'ailleurs connu pour provoquer des troubles neuronaux, d'après des études faites chez des souris et des rats [84, 85]. D'autres études antérieures réalisées par la même équipe (de l'Université de médecine de Teikyo à Tokyo) avaient déjà montré que le glufosinate induit une série d'anomalies fonctionnelles dans le cerveau des ratons dont les mères ont été exposées à cet herbicide pendant la gestation [86]. La même année (1997), toujours au Japon, le Professeur Watanabe de l'Université de médecine de Yamagata, a démontré que le glufosinate induit spécifiquement la mort de certaines cellules du tissu nerveux chez des embryons de souris [87].

Face à toutes ces données scientifiques sur les impacts sanitaires de ces herbicides, il est difficile d'imaginer que les PGM tolérant le Roundup ou le Liberty, et qui sont de véritables réservoirs de ces poisons, puissent être autorisées à l'alimentation animale et humaine sans avoir subi de tests toxicologiques poussés et rigoureux, et sur des périodes suffisamment longues, au moins équivalentes à celles exigées pour les pesticides eux-mêmes. C'est pourtant, comme nous le verrons au chapitre suivant, l'invraisemblable réalité à laquelle nous sommes confrontés aujourd'hui (cf. chapitre VII : **Les plantes-pesticides ne sont pas évaluées comme des pesticides**).

Impacts environnementaux

Si les plantes *Bt* (plantes-insecticides) peuvent être présentées comme des plantes permettant de pulvériser moins d'insecticide (ce qui ne résout rien comme nous l'avons vu dans la section précédente puisqu'elles synthétisent en quantités incontrôlables un nouvel insecticide qui se retrouve dans l'environnement en étant libéré par les racines), les promoteurs de PGM ne peuvent certainement pas se réfugier derrière le même type d'argument pour les plantes tolérant un herbicide. Ces plantes sont justement faites pour pouvoir pulvériser l'herbicide en question sur l'ensemble des cultures concernées afin de se débarrasser des dites mauvaises herbes sans avoir à prendre de précautions vis-à-vis des plantes cultivées (puisqu'elles tolèrent l'herbicide). Dans les pays où ces plantes sont cultivées sur de gigantesques étendues (Etats-Unis, Canada, Brésil, Argentine), l'herbicide est alors pulvérisé classiquement avec d'énormes rampes tirées par des tracteurs ou carrément à l'aide d'hélicoptères ou d'hydravions [88]. Il est évident qu'avec de telles méthodes, les agriculteurs n'y vont pas avec le dos de la cuillère, et ce ne sont pas des doses homéopathiques qui sont pulvérisées. Pour le plus grand bonheur du semencier qui, à chaque fois qu'il vend la plante, vend l'herbicide !

Par exemple, aux Etats-Unis entre 1999 et 2004, la quantité d'herbicide pulvérisé a augmenté de 64 000 tonnes, alors que dans la même période, les surfaces cultivées de plantes tolérant un herbicide (le Roundup essentiellement) ont quasiment doublé : elles sont passées de 34 à 60% pour le coton (par rapport aux surfaces totales de coton), de 57 à 85% pour le soja, et de 9 à 18% pour le maïs [89].

Au Canada, la culture des OGM s'est accompagnée d'une augmentation de la vente des herbicides de 41% en cinq ans [90]. Ce processus ne fait que s'amplifier d'année en année : plus la quantité d'herbicide pulvérisé est importante, plus le seuil de tolérance des « mauvaises herbes » est élevé, et plus il faut en pulvériser l'année suivante.

La culture intensive de ce type de PGM ramène donc au premier plan la question du devenir et des effets de ces herbicides dans l'environnement. *Monsanto* a pendant longtemps vanté le caractère biodégradable du Roundup, présentant ainsi son herbicide fétiche comme respectueux de l'environnement ! C'est un peu comme si un produit dopant était présenté à des athlètes comme respectueux de la compétition. En 1997, *Monsanto* avait déjà été contraint par le procureur général de l'Etat de New-York de retirer des affiches publicitaires affirmant le caractère biodégradable du Roundup. Depuis, la firme semencière a perdu de nombreux procès, et notamment en France, pour publicité mensongère. Le glyphosate est notamment retrouvé comme contaminant dans les rivières [91], et ses effets toxiques, déjà largement décrits ci-dessus, ont également été rapportés sur différentes espèces aquatiques [92, 93].

Les firmes semencières et tous les tenants d'une agriculture toujours plus intensive (dont de nombreux élus, de la famille UMP principalement) nous présentent aujourd'hui les OGM agricoles comme la solution miracle pour réduire l'utilisation des pesticides dont ils nous ont pourtant vanté les mérites pendant plus de trente ans. Ils reconnaissent donc implicitement les dégâts sanitaires et environnementaux occasionnés par ces intrants, mais continuent à rouler les citoyens dans la farine en se gardant bien de préciser que les OGM en question sont de véritables réservoirs à pesticides, d'une part, et qu'ils représentent au contraire, pour les firmes semencières qui les promeuvent, le moyen de stimuler la vente des pesticides (et en particulier des herbicides), d'autre part. Prôner les OGM agricoles pour réduire la quantité de pesticides, et donc protéger l'environnement, c'est aussi stupide et malhonnête que de favoriser l'installation des grandes surfaces quand on prétend protéger les petits commerces de proximité.

Risques liés spécifiquement aux PGM résistantes à des virus

Comme nous l'avons vu au chapitre précédent, les plantes transgéniques résistantes à des virus sont des plantes dans lesquelles ont été introduits des gènes viraux détenant le secret de fabrication de protéines de ***capsides*** de virus dont elles sont la cible. La présence de ces gènes viraux les protège vis-à-vis des virus en question ainsi que de virus apparentés, sans que l'on connaisse pour autant les mécanismes intimes de ce processus de résistance (cf. chapitre V : **Autres plantes agricoles transgéniques** - ***Plantes résistantes aux maladies virales***).

Lorsque le virus attaque la plante transgénique (comme n'importe quelle autre plante), il injecte son information génétique (ses gènes) dans certaines de ses cellules. Parmi les gènes du virus en question, se trouve celui qui permet la fabrication de la protéine de sa capside, et qui est donc déjà présent dans les chromosomes de la plante transgénique. Toutefois, ces deux gènes (celui apporté par le virus et celui préalablement et volontairement introduit dans la plante) ne sont pas tout à fait identiques. Les raisons de cette différence ne sont pas exclusivement liées à la transgenèse (à la CGA). Le gène viral intégré à la plante diffère aussi de celui du virus infectant parce qu'il ne provient pas exactement de ce virus qui vient d'infecter la plante, mais d'une autre souche de ce virus, voire d'un virus apparenté. Ces deux gènes sont identiques dans la fonction (ils codent tous deux la protéine de la capside) mais pas dans la séquence (d'une souche de virus à l'autre, et *a fortiori* entre des virus apparentés, la protéine de la capside ne sera pas exactement la même).

Mais la grande ressemblance entre ces deux gènes fait qu'ils peuvent échanger des morceaux entre eux. Le processus, bien connu, qui régit ces échanges s'appelle la ***recombinaison***. Ce phénomène de recombinaison n'est pas réservé à l'ADN viral mais les séquences virales sont connues pour faire l'objet de nombreuses recombinaisons (on dit qu'elles sont très « recombinogènes »). Il résulte de cet échange entre les deux gènes viraux un virus dit « recombinant » dont le gène de la capside est un gène mosaïque, c'est-à-dire constitué en partie de séquences provenant de la copie du gène viral préalablement inséré dans les chromosomes de la plante (transgène), et en partie de séquences provenant du gène de la capside du virus infectant.

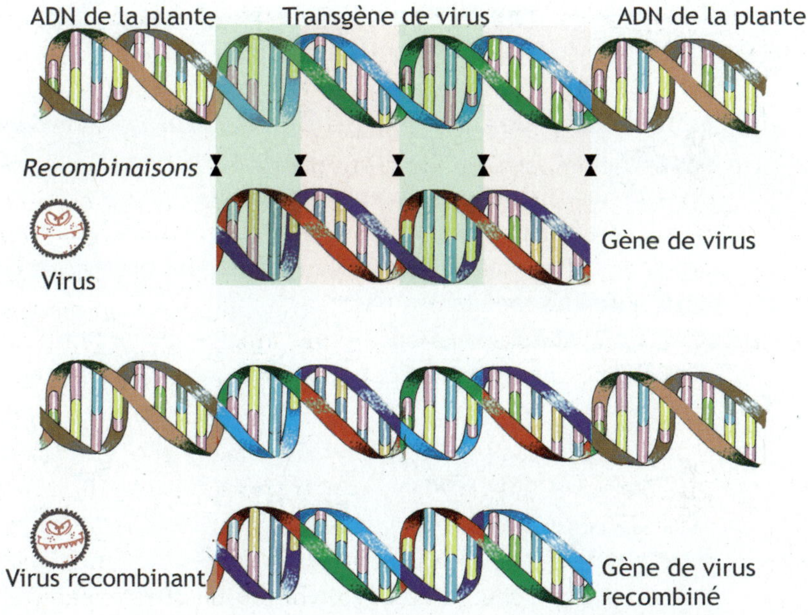

Des études réalisées au Département de Biologie Cellulaire de l'INRA de Versailles et au Département de Pathologie Végétale de l'INRA d'Avignon ont montré que, dans un certain nombre de cas, ces virus recombinants sont beaucoup plus virulents que les virus d'origine et peuvent donc provoquer des viroses aggravées [94] : la plante ne résiste pas à ce nouveau virus qui peut alors se multiplier et aller infecter d'autres plantes.

Avec des plantes conventionnelles, une telle situation ne peut se produire que si la plante est infectée simultanément par deux virus. En revanche, avec les plantes transgéniques dites résistantes aux maladies virales, un seul virus suffit, ce qui augmente donc considérablement les fréquences des événements de recombinaisons et donc l'apparition de virus recombinants. De plus, dans un certain nombre de cas, le transgène viral présent dans la plante provient d'un virus qui n'infecte pas naturellement la plante en question (mais qui néanmoins confère une protection croisée vis-à-vis des virus spécifiques de cette plante). De telles plantes transgéniques offrent donc l'opportunité à des séquences virales qui n'auraient jamais dû se rencontrer de recombiner entre elles.

Ces risques sont évidemment redoutables : ces plantes sont de véritables machines à fabriquer des nouveaux virus qu'on ne récupérera pas dans la nature !

Et si on commençait par mieux comprendre les mécanismes naturels de protection croisée, avant de jouer aux apprentis sorciers…

Risques d'allergies dues aux protéines codées par les transgènes

Une plante transgénique contient, par définition, un (ou plusieurs) gène(s) « étranger(s) » (***transgènes***). Chaque transgène permet la fabrication de une (ou plusieurs) protéine(s) nouvelle(s) (***protéines recombinantes***) qui s'ajoute(nt) donc à la panoplie des protéines naturellement fabriquées par cette plante. Ces protéines recombinantes, qui vont donc inévitablement se retrouver dans les produits alimentaires élaborés à partir de la plante transgénique en question, peuvent s'avérer être des allergènes (substances entraînant des réactions allergiques) chez les consommateurs de ces aliments. Certes, les problèmes d'allergies alimentaires ne sont pas réservés aux aliments élaborés à partir d'OGM. Les exemples de personnes allergiques aux crustacés, au poisson, au poulet, au lait, aux œufs, au kiwi, à l'arachide, etc., sont nombreux (sans que l'on connaisse toujours exactement la nature des molécules allergisantes). Mais ces personnes le savent, et elles évitent donc les aliments en question car il leur est facile de les identifier, contrairement aux nombreux aliments élaborés à partir d'OGM et pour lesquels il n'y a pas de traçabilité (cf. chapitre VIII).

Or les éventuels effets allergisants des OGM agricoles, qui sont pourtant destinés directement ou indirectement à l'alimentation, ne sont pas ou très peu étudiés. Il suffirait pourtant de faire des tests cutanés comme c'est fait classiquement pour tester la sensibilité à des allergènes potentiels.

Le seul OGM agricole qui a fait l'objet d'une attention particulière vis-à-vis des risques allergiques est un soja car le transgène qu'il contient, et qui provient de la noix du Brésil, détient le secret de fabrication d'une protéine déjà connue pour être allergisante chez les consommateurs de cette noix. Il s'agit de l'albumine 2-S, une protéine riche en soufre, le but étant d'enrichir la teneur soufrée des protéines du soja. Comme on pouvait s'y attendre, ce soja transgénique s'est avéré être lui-même allergisant et n'a donc pas été commercialisé.

En revanche, lorsque la protéine codée par le transgène n'est pas réputée être allergisante dans l'organisme qui la fabrique naturellement, l'OGM ne fait l'objet d'aucune étude sérieuse d'allergénicité. Une fois de plus, c'est faire abstraction du fait que la protéine codée par le transgène dans l'organisme transgénique (protéine recombinante) n'est pas la même que celle codée par le gène naturel dans l'organisme initial (comme nous venons de le voir concrètement dans la première section de ce chapitre à propos de la toxine *Bt* Cry1Ab). D'une part parce que le transgène est une version modifiée du gène naturel (la fameuse CGA ou Construction Génétique Artificielle), et d'autre part parce que le repliement de la protéine dans l'espace et ses modifications chimiques secondaires (dites post-traductionnelles) ne sont pas forcément les mêmes dans l'organisme transgénique que dans l'organisme qui la fabrique naturellement (cf. Chapitre I : **Quelques « petites » remarques d'importance***)*. Or, la structure dans l'espace d'une protéine ainsi que la nature de ses modifications post-traductionnelles sont connues pour être déterminantes dans les éventuelles réponses allergiques qu'elle peut engendrer [95].

Un exemple concret nous est donné avec des plants de petits pois transgéniques produisant une protéine de haricot. Le pois est victime d'un insecte contre lequel le haricot est capable de lutter naturellement grâce à la présence dans ses cellules d'une protéine particulière (appelée « inhibiteur de l'alpha-amylase »), absente chez le pois. Le gène de haricot détenant le secret de fabrication de cette protéine de défense a alors été introduit dans les plants de petits pois qui sont ainsi devenus insensibles à l'insecte en question, indiquant par là-même que la protéine de haricot est bien fonctionnelle dans le pois.

Pourtant, une étude réalisée par une équipe australienne a montré que des souris nourries avec des extraits protéiques provenant de ces petits pois transgéniques développaient de graves allergies, alors qu'aucun effet n'était observé chez les « souris contrôles » nourries avec des extraits protéiques provenant du haricot (qui contiennent pourtant la protéine naturelle correspondante) ainsi qu'avec des extraits protéiques provenant du pois non transgénique.

Les auteurs ont alors mis en évidence que ces propriétés allergisantes étaient dues au fait que la protéine recombinante produite par les petits pois transgéniques n'avait pas la même structure dans l'espace ni les mêmes modifications chimiques secondaires (addition de sucres) que son homologue naturelle produite par le haricot [96].

De telles données scientifiques devraient appeler à une véritable vigilance vis-à-vis des risques allergiques liés aux OGM, d'autant plus qu'un incident a déjà eu lieu aux Etats-Unis en 2000 : plusieurs dizaines de personnes ont développé des réactions allergiques (se caractérisant par des diarrhées, vomissements et rougeurs) après l'ingestion d'aliments contenant du maïs OGM « Starlink », un maïs-insecticide de la société *Aventis Cropscience* autorisé uniquement à l'alimentation animale mais qui a contaminé du maïs conventionnel destiné à l'alimentation humaine [97].

Risques liés à la présence (dans beaucoup d'OGM) de gènes de résistance à des antibiotiques

L'introduction d'une construction génétique artificielle (CGA) dans des cellules (végétales ou autres) se caractérise toujours par une faible efficacité, en ce sens que très peu de cellules « récupèrent » la CGA intégrée dans leurs chromosomes. Et ce, quelle que soit la méthode utilisée (***électroporation, biolistique***... ; cf. chapitre I : **Quelques « petites » remarques d'importance**). Par conséquent, si l'expérimentateur ne dispose pas d'un moyen pour repérer et sélectionner immédiatement les rares cellules hébergeant la CGA (c'est-à-dire devenues transgéniques), il restera en présence d'une majorité de cellules qui ne l'intéressent pas (car elles n'ont pas « récupéré » l'ADN étranger).

Pour surmonter cette difficulté, la méthode la plus simple est alors d'ajouter dans la CGA, en plus du transgène d'intérêt (gène *Bt*, gène de tolérance à un herbicide...), un autre gène, appelé ***gène marqueur***, qui va conférer aux cellules ayant reçu l'ADN étranger une propriété particulière facilement observable, permettant ainsi de repérer et sélectionner aisément les cellules devenues transgéniques. Il s'agit le plus souvent d'un gène conférant une résistance à un antibiotique. Il suffit alors de mettre l'antibiotique en question en présence des cellules dans lesquelles on cherche à introduire la CGA. Seules les quelques cellules ayant reçu l'ADN étranger (et donc le gène marqueur) seront alors résistantes à l'antibiotique et survivront en sa présence (toutes les autres, non transgéniques, mourront). Le souci est que, très souvent, ce gène de résistance à un antibiotique n'est pas éliminé *a posteriori*, et se retrouve donc dans la plante transgénique finale régénérée à partir de ces cellules.

Le maïs MON810, autorisé à la culture commerciale en Europe, en est dépourvu, mais beaucoup d'autres OGM agricoles, cultivés sur d'autres continents et autorisés à la consommation en contiennent. C'est le cas par exemple du maïs-insecticide MON863 qui est notamment importé en Europe où il est autorisé à l'alimentation animale et humaine. Il contient le gène de résistance à la kanamycine, dont diverses versions mutées confèrent la résistance à un autre antibiotique, l'amikacine, très utilisé en médecine, en particulier dans le traitement d'infections broncho-pulmonaires et de méningites. D'autres PGM, comme le maïs-insecticide *Bt*176 de *Syngenta* ou le maïs T25 de *Bayer CropScience* tolérant le glufosinate, contiennent le gène de résistance à l'ampicilline, antibiotique à large spectre de la famille des pénicillines, utilisé dans le traitement de nombreuses infections bactériennes.

Comment a-t-on pu autoriser la présence de tels gènes dans des plantes transgéniques alimentaires cultivées à très grandes échelles à la surface de la planète, quand on connaît la gravité et l'ampleur des conséquences sanitaires de la prolifération des bactéries résistantes aux antibiotiques (en particulier dans les hôpitaux où elles sont responsables de nombreuses infections nosocomiales) ? La question qui se pose est bien sûr de savoir quelles pourront être les conséquences de l'introduction de tels gènes dans la chaîne alimentaire et dans l'environnement, et quelles en seront les répercussions en matière de clinique humaine. Quel est le risque qu'un tel gène puisse être transmis à des bactéries de la flore intestinale des animaux qui consomment ces plantes, aux bactéries du tube digestif des abeilles qui en récoltent le pollen, aux bactéries du sol qui se retrouvent au contact de l'ADN de la plante lorsque des résidus de celle-ci se dégradent et se décomposent ?

Il s'agit là de transferts d'ADN dits « horizontaux » (cf. section suivante dans ce même chapitre) qui sont très souvent négligés, voire ignorés, au prétexte qu'ils seraient rares. Mais comme nous le verrons dans la section suivante, les fréquences de ces transferts sont très largement sous-estimées.

A l'exception de quelques indécrottables de la transgenèse généralisée qui ne voient aucun inconvénient à l'utilisation de tels gènes marqueurs dans les PGM au prétexte que les bactéries résistantes aux antibiotiques sont déjà nombreuses dans l'environnement — alors, un petit peu plus ou un petit peu moins... –, il semble tout de même se dégager un consensus aujourd'hui pour ne plus autoriser à la culture commerciale des PGM hébergeant ce type de gène. Mais de nombreuses PGM cultivées dans le cadre d'essais en contiennent encore. A partir de quand va t-on véritablement prendre conscience que c'est tout simplement irresponsable... ?

Risques de «contaminations (pollutions) génétiques » liées aux PGM

Il s'agit des risques que le (ou les) transgène(s) introduit(s) volontairement dans une plante se retrouve(nt) involontairement dans une autre ou dans un autre organisme. On distingue d'une part la contamination dite « verticale » ou par « transferts verticaux », c'est-à-dire par pollinisation et croisements inter-variétaux, et d'autre part la contamination dite « horizontale » ou par « transferts horizontaux », c'est-à-dire le transfert direct de matériel génétique entre deux organismes, sans croisement, par exemple entre plantes et micro-organismes du sol, ou encore d'une plante à une autre plante via les virus.

Transferts verticaux

Les transferts verticaux sont ceux qui se font des individus « parents » aux individus « enfants », c'est-à-dire par reproduction sexuée (et donc, pour les plantes, par l'intermédiaire du pollen).

La pollinisation, qu'elle soit anémophile (par le vent) ou entomophile (par les insectes), reste évidemment incontrôlable. Les plantes n'ont pas attendu les chercheurs pour échanger leur pollen et celui-ci ne s'arrête pas à 10, 50 ou 400 mètres comme le nuage de Tchernobyl s'arrête à la frontière franco-allemande.

La dispersion du pollen peut effectivement se faire sur de grandes distances [98, 99], de plusieurs dizaines de kilomètres, qui peuvent bien sûr varier en fonction des conditions climatiques, des reliefs et autres paramètres environnementaux.

Il est vrai que l'ampleur des risques de contamination verticale varie en fonction de la plante concernée. Pour le colza par exemple, les risques sont très importants car il est capable de se croiser avec plusieurs espèces sauvages de la même famille présentes dans les zones de culture (***adventices***), comme la ravenelle, la moutarde des champs, la roquette bâtarde, ou encore la navette. En ce qui concerne le maïs, les risques de croisements inter-variétaux seront moins importants en Europe qu'au Mexique par exemple, étant donné que le vieux continent est *a priori* dépourvu d'espèces apparentées sexuellement compatibles avec le maïs. Il reste que le maïs OGM peut bien sûr se croiser avec d'autres maïs cultivés, qu'il s'agisse de cultures conventionnelles ou bio, risque loin d'être négligeable étant donné l'étendue des surfaces cultivées en maïs en Europe. Certains biologistes s'empressent alors de dire que le pollen de maïs est lourd et qu'il tombe essentiellement à moins de 8 mètres ! C'est notamment ce qu'un collègue est venu affirmer au tribunal correctionnel de Toulouse en 2004 à l'occasion d'un procès de faucheurs volontaires où il témoignait pour la partie civile. Lorsque je suis intervenu à la barre, en tant que témoin cité par la défense, j'ai alors rappelé à la cour qu'il arrivait que les voitures des Toulousains soient recouvertes d'un voile jaune-brun, notamment après une averse : c'est du sable du Sahara. Le sable, c'est plus lourd que le pollen (même de maïs) ; le sable ce n'est pas fait pour voler, le pollen si, et il y a plus de 8 mètres entre le Sahara et Toulouse. Le pollen de maïs se retrouve d'ailleurs en concentration importante et constante au dessus des champs jusqu'à 1800 mètres d'altitude, et peut ensuite, par conséquent, être transporté horizontalement sur plusieurs dizaines de kilomètres [100, 101]. Les dresseurs de pollen objecteront alors que celui de maïs n'est pas viable plus de deux heures. C'est vrai, mais avec un vent de 15 kilomètres/heure (ce qui est peu), le pollen peut parcourir 30 kilomètres en deux heures ! Dans les deux Sèvres, du maïs bio (récolté en 2007) a d'ailleurs été contaminé par du MON810 alors que la première parcelle OGM était à plus de 25 kilomètres [102]. Certes, dans ce cas précis, on ne peut pas exclure que la contamination provienne d'un champ OGM plus proche non déclaré, mais il faut quand même avoir une bonne épaisseur de buée sur les carreaux pour penser que l'on peut maîtriser la dissémination du pollen.

Transferts horizontaux

Les transferts horizontaux sont, quant à eux, totalement négligés, voire carrément ignorés. Par exemple, dans la notification de projet de dissémination volontaire relative au maïs *Bt*11 déposée en 2003 par la société *Pioneer Genetics* et le GEVES[10], pour des essais en plein champ (réalisés en Haute Garonne à Menville en 2004) en vue de l'inscription au catalogue officiel [103], il est écrit, concernant les transferts horizontaux : « *Comme le mentionne l'avis publié par l'AFSSA*[11] *en janvier 2002, à ce jour, aucune étude publiée n'a pu mettre en évidence ce type de transfert* ». Comment les « experts » de l'AFSSA peuvent-il affirmer de tels mensonges ? Entre 1992 et 2002, ce sont près de 300 publications scientifiques qui avaient déjà été publiées sur les phénomènes de transferts horizontaux ! Un biologiste qui nie le transfert horizontal, c'est comme un astronome qui nierait que la Terre est ronde [104] !

Ce type de transfert, amplement démontré entre bactéries (à la fois *in vitro* et dans des environnements natu-

10 *GEVES : Groupe d'Etudes de contrôle des Variétés Et des Semences, groupement d'intérêt public dont les membres sont l'INRA, le ministère chargé de l'Agriculture et le GNIS (Groupement National Interprofessionnel des Semences).*

11 *AFSSA : Agence Française de Sécurité Sanitaire des Aliments.*

rels) [105-109], a également été mis en évidence, à travers un certain nombre d'exemples, entre des plantes (ou autres organismes pluricellulaires) et des bactéries du sol [110-114], ainsi qu'entre des plantes et des champignons microscopiques parasites des plantes [115,116]. Des transferts horizontaux du gène de résistance à l'antibiotique hygromycine ont d'ailleurs été démontrés entre des plantes transgéniques (dans lesquelles il était utilisé comme gène marqueur) d'une part, et le champignon filamenteux *Aspergillus niger* [117] ou une bactérie du sol [118] d'autre part. La même démonstration a été faite pour le gène de résistance à l'antibiotique kanamycine entre une betterave à sucre transgénique (dans laquelle il était là encore utilisé comme gène marqueur) et des bactéries du sol [119].

Certes, les quelques (trop) rares études expérimentales faites en laboratoires sur le transfert horizontal entre des plantes transgéniques et des micro-organismes du sol ou associés aux plantes indiquent que les fréquences de ces transferts sont très faibles [120-123]. Mais il ne faut pas perdre de vue les points suivants. Premièrement, ces conclusions reposent sur un nombre très faible d'études. Deuxièmement, une surface cultivée représente une extraordinaire concentration des gènes étrangers qui font l'objet du risque de pollution génétique. Troisièmement, chaque étude de transfert horizontal en laboratoire ne s'intéresse qu'à un seul micro-organisme (comme receveur potentiel du gène étranger) alors que le sol en contient une multitude dont environ 5% seulement sont connus. Et quatrièmement, après récolte, les parties de plantes restantes sont en général broyées et enfouies dans le sol, ce qui augmente considérablement l'accessibilité des micro-organismes du sol à l'ADN végétal, et donc les risques de transferts horizontaux.

Les études faites en laboratoire ne peuvent donc que largement sous-estimer les fréquences avec lesquelles ces transferts peuvent se produire en plein champ. Pour autant, il est évident que ce type d'étude – notamment en raison de la multitude de micro-organismes présents dans le sol — est inabordable en espace ouvert [124] et qu'aucun essai en plein air ne pourrait être justifié par des études de transfert horizontal. Enfin, il est essentiel de souligner, qu'en ce qui concerne les PGM, une faible (et aussi faible soit elle) fréquence de contamination ne peut constituer un argument en faveur d'une dissémination volontaire, tout simplement en raison de l'avantage sélectif que peut éventuellement procurer le gène étranger à l'organisme qui le récupère. En effet, si le gène en question confère des propriétés avantageuses à l'organisme qui l'héberge, celui-ci pourra alors proliférer au détriment de ses congénères et des autres organismes de la même niche écologique (cf. section suivante : **Risques liés à l'avantage sélectif procuré à l'OGM**). Dans une revue sur les risques de transferts horizontaux entre les plantes transgéniques et les bactéries du sol [125], les auteurs soulignent que « *Les fréquences de transfert ne doivent pas être confondues avec les probabilités de survenue des implications environnementales...* » Ils ajoutent que « *Seulement une compréhension précise des événements sélectifs dans les environnements naturels permettra de prédire les conséquences possibles de l'introduction de nouveaux gènes dans les milieux ouverts* ».

Autres sources de contamination

A ces problèmes de pollutions génétiques par transferts verticaux et horizontaux s'ajoutent bien sûr les risques de disséminations dues aux flux incontrôlables des graines et à leurs repousses. Elles peuvent notamment être transportées par les oiseaux, les rongeurs et autres animaux. Une quantité non négligeable est perdue lors des récoltes et des transports où elles tombent des camions et des remorques. Elles peuvent ensuite être transportées par les roues des tracteurs et autres machines agricoles, par les chaussures des agriculteurs, par le vent. Ces multiples sources de disséminations sont particulièrement importantes pour le colza dont les graines sont légères et peuvent survivre pendant plus de quinze ans dans le sol. S'ajoutent à cela les difficultés de nettoyage du matériel agricole, les risques importants de contaminations croisées dans les silos des coopératives, sans compter les erreurs humaines.

Outre les effets incontrôlables sur l'environnement, tous ces paramètres font que nous ne pourrons jamais disposer des garanties d'une parfaite étanchéité entre les filières agricoles.

En 2001 déjà, une étude menée par Ignacio Chapela et David Quist de l'Université de Berkeley rapportait la contamination, au Mexique, de variétés indigènes de maïs par du maïs OGM [126]. En France, des analyses effectuées en 2003 par le Ministère de l'agriculture ont montré qu'un échantillon de semences importées sur cinq contenait des OGM. Conduites sur 235 échantillons provenant de 12 pays différents, ces analyses ont montré que la moitié des lots en provenance des Etats-Unis (21 sur 47 exactement) et la totalité des lots en provenance de Turquie (4 sur 4) contenaient des OGM. Par ailleurs, 14 des 77 lots en provenance du Chili, 4 des 15 lots en provenance d'Afrique du Sud, et 4 des 61 lots en provenance de Hongrie étaient également contaminés [127]. Dans deux tiers des cas, l'OGM détecté était le maïs MON810 de *Monsanto*. Ces analyses montrent notamment que les contaminations des récoltes finales ne sont pas nécessairement survenues pendant les cultures et ne sont pas forcément liées à une erreur de gestion de l'agriculteur, mais peuvent être dues à l'achat de semences déjà contaminées. C'est ce qui est arrivé à Patrick de Kochko, agriculteur biologique français. En 1996, il a produit du soja bio qu'il a vendu, par l'intermédiaire d'un petit organisme stockeur du Gers, en Allemagne où ce soja a été transformé en tofu. Mais fin 97, l'acheteur allemand est accusé par le service des fraudes de son pays d'utiliser du soja OGM (suite à des analyses révélant des traces de soja au Roundup). Il s'est alors retourné contre son fournisseur du Gers, et des démarches ont été engagées pour comprendre d'où venait la contamination. P. de Kochko a porté plainte contre X au tribunal d'Auch, ce qui lui a permis, avec ses avocats, d'avoir accès à certains résultats des fraudes françaises qui ont mis en évidence des traces de cet OGM un peu partout dans la même filière bio et notamment dans les semences traditionnelles certifiées vendues par la Coopérative Biologique et produites par la société ASGROW faisant partie du groupe *Monsanto* [128]...

Tout ceci montre à quel point la coexistence entre les OGM et les autres filières agricoles (conventionnelles, bio, et autres labels), n'est qu'une vue de l'esprit. La liberté de cultiver des OGM, c'est la privation de liberté de faire autrement ! La coexistence est tout simplement synonyme, à terme, de disparition des cultures conventionnelles et labellisées.

Risques liés à l'avantage sélectif procuré à l'OGM

Le transgène présent dans un OGM a pour but de lui conférer un avantage dans un environnement et un contexte donnés (capacité d'une plante à lutter contre un ravageur, à tolérer un herbicide, à résister à un virus, capacité d'un poisson à grossir plus vite, à vivre en eaux froides, etc.). On permet donc ainsi à l'OGM, dans ce contexte et cet environnement, de « prendre le pas » sur ses congénères ainsi que sur les autres plantes (ou animaux) qui partagent la même niche écologique, ce qui peut bien sûr porter atteinte à la biodiversité locale. Mais la situation peut encore devenir beaucoup plus dramatique lorsque l'OGM en question se retrouve accidentellement dans un autre contexte ou un autre environnement, ou si le transgène qui confère cet avantage est transféré (par contamination verticale ou horizontale) à un autre organisme.

Par exemple, si la ravenelle, capable de se croiser avec le colza, récupère le gène de tolérance au Roundup par croisement avec du colza OGM, elle deviendra elle même tolérante à cet herbicide. Il ne s'agira peut-être que de quelques pieds de ravenelle, mais ils seront les seuls à survivre, et donc à proliférer, en présence de Roundup (copieusement pulvérisé sur ce genre de cultures comme nous l'avons vu précédemment dans ce chapitre). Par conséquent, cette ravenelle devenue transgénique par contamination (pollution) génétique, initialement minoritaire, deviendra très vite majoritaire, et il ne sera plus possible de s'en débarrasser (en tout cas pas avec cet herbicide).

De la même façon, comme nous l'avons vu dans la section précédente, une bactérie qui récupère, par transfert horizontal, un gène de résistance à un antibiotique, sera avantagée par rapport à ses copines restées sensibles dans un contexte où les antibiotiques sont utilisés en excès, que ce soit en milieu hospitalier, dans la nourriture animale ou dans d'autres contextes encore. Elles pourront donc très vite proliférer au détriment de leurs congénères qui mourront sous l'effet des antibiotiques en question.

L'OGM peut aussi se retrouver dans un autre contexte que celui pour lequel il a été conçu. Prenons l'exemple des saumons géants du Canada (cf. chapitre V : **Les animaux transgéniques à des fins alimentaires** - ***Des poissons***). Ils sont destinés à l'aquaculture. Or l'aquaculture commerciale n'a jamais lieu en milieu confiné : soit il s'agit de grands enclos situés en pleine mer, soit d'étangs à l'intérieur des terres. Et dans les deux cas, de nombreux facteurs peuvent permettre à des poissons de s'échapper : oiseaux prédateurs, inondations, marées violentes, erreurs humaines... Par exemple, en 1997, 500 000 saumons se sont échappés des piscicultures norvégiennes ; en 1999, 115 000 saumons de l'Atlantique se sont échappés des eaux de l'Etat de Washington, et en 2000, ce sont 300 000 saumons qui se sont échappés dans les eaux de l'Etat du Maine.

Si des poissons géants venaient à s'échapper, ils pourraient bien sûr très vite proliférer au détriment de leurs congénères sauvages car leur grande taille leur procurerait inévitablement un avantage sélectif. D'abord, ils pourraient dévorer des poissons dont ils ne sont pas naturellement les prédateurs, et porteraient ainsi atteinte à la biodiversité locale. Ensuite, ils pourraient s'accoupler avec des femelles dont les petits qui auraient hérité du gène modifié de l'hormone de croissance du papa deviendraient à leur tour géants. Après quelques générations, les saumons géants deviendraient majoritaires dans leur espèce, tout comme les insectes résistants à un insecticide (initialement minoritaires) deviendraient majoritaires dans un environnement où l'insecticide est présent en permanence.

C'est la raison pour laquelle les risques environnementaux liés aux OGM, et en particulier les risques de pollution génétique, ne sont pas des risques qui se diluent dans le temps, mais au contraire qui se concentrent avec le temps.

VII. CARENCE D'ÉVALUATIONS DES OGM AGRO-ALIMENTAIRES

> *« La biologie moléculaire possède des outils majeurs. Mais pour préserver la santé des hommes et leur environnement, c'est la biodiversité et la démocratie qu'il faut apprendre à respecter, et l'honnêteté à promouvoir. En fait, la biosphère et l'humanité »*
>
> Gilles-Eric Séralini
> *Ces OGM qui changent le Monde*

Dans le chapitre précédent, nous avons vu, à travers divers exemples concrets de risques sanitaires et environnementaux engendrés par les OGM agro-alimentaires, à quel point le système d'évaluation de ces OGM s'illustre par sa déficience.

Je propose dans ce nouveau chapitre de développer divers aspects de cette carence en en exposant les principales causes.

L'équivalence en substance : une notion scientifiquement absurde

En matière d'évaluation des OGM, la plupart des instances gouvernementales dans le monde s'appuie sur la notion d'***équivalence en substance***, laquelle consiste à considérer qu'un OGM ne diffère de l'organisme non transgénique correspondant (c'est-à-dire de l'organisme naturel à partir duquel il a été fabriqué) que par les caractères exprimés par les transgènes qui y ont été introduits. Cette notion repose sur la présomption que les gènes agissent de manière indépendante, ce que l'on sait être absolument faux aujourd'hui. C'est une vue mécanistique du vivant qui a d'ailleurs été totalement remise en cause récemment dans les conclusions d'un rapport de quatre années d'études coordonnées par l'Institut National de Recherche sur le Génome Humain des Etats-Unis et menées par un consortium de scientifiques de 80 organisations dans le monde [129]. Cette conception pour le moins réductionniste du fonctionnement du vivant a été institutionnalisée en 1976 avec le lancement de la première entreprise de biotech, et constitue la fondation économique et légale sur laquelle s'est construite et s'appuie encore aujourd'hui toute l'industrie de la biotechnologie ! L'équivalence en substance, qui découle donc directement de ce réductionnisme, ne repose bien sûr sur aucune démonstration scientifique mais seulement sur une croyance, ce qui exclut la nécessité du contrôle. Par exemple, pour qu'un maïs OGM soit considéré comme équivalent à un maïs conventionnel, on ne

regarde que trois critères : le mode et le taux de reproduction, le taux de dissémination, et la survie des graines. On fait donc abstraction de toutes les éventuelles perturbations génétiques, métaboliques, physiologiques de la plante liées à la présence du (ou des) transgène(s), et de leurs répercussions dans la chaîne alimentaire et sur l'interaction de la plante avec son environnement !

Comme nous l'avons vu au chapitre I (cf. **Quelques « petites » remarques d'importance**), la transgenèse n'a rien d'une technique chirurgicale et est au contraire une technique totalement aléatoire. Quand on introduit un gène étranger (transgène) – ou plutôt une CGA – dans un organisme, et en particulier dans les plantes, on ne maîtrise ni le site d'insertion dans le génome, ni le nombre d'insertions (c'est-à-dire le nombre d'exemplaires de la CGA insérés et dispersés dans le génome). Certes, on dispose des moyens techniques qui permettent de vérifier ces paramètres *a posteriori*. Mais ces techniques ne permettent pas, en revanche, d'appréhender les conséquences de ces insertions sur les gènes naturels de la plante. L'insertion du (ou des) transgène(s) peut provoquer une modification d'autres gènes qui se trouvent alors inactivés ou au contraire stimulés. Il en résulte alors des perturbations des processus cellulaires dans lesquels ces gènes sont impliqués. Par exemple, une étude récente (2008) réalisée par le Professeur Marcello Buiatti et son équipe de l'Université de Florence montre que le transgène du maïs MON810, permettant la fabrication de la toxine *Bt* Cry1Ab, est inséré dans un autre gène du maïs détenant le secret de fabrication d'une protéine qui ressemble à 80% à une enzyme appelée « ubiquitine-ligase » [130]. Or les ubiquitine-ligases sont impliquées dans la régulation de diverses fonctions cellulaires – ce sont des ouvriers qui interviennent dans multiples chaînes d'usinage à l'intérieur des usines cellulaires. De plus, les produits des gènes affectés (les protéines dont ils détiennent le secret de fabrication), ou les processus cellulaires dans lesquels ils sont impliqués, peuvent être eux-mêmes nécessaires à la régulation (stimulation ou inhibition) de l'expression d'autres gènes, et on peut ainsi engendrer de nombreux effets en cascade.

Les transgènes introduits dans un génome, quant à eux, peuvent subir des réarrangements résultant en une modification de leur séquence (mutations), une duplication partielle ou totale, ou encore une amputation d'une partie de la CGA. Ainsi, une étude publiée en 2001 a montré que la CGA du soja au Roundup GTS40-3-2 de *Monsanto* avait subi plusieurs réarrangements à l'une de ses extrémités [131]. D'autres études réalisées en 2003 à l'INRA de Versailles et de Jouy-en-Josas ont confirmé ces modifications et mis en évidence que les séquences des CGA retrouvées dans plusieurs autres OGM commercialisés ne correspondaient pas à celles qui avaient été déclarées [132]. C'est le cas notamment du maïs MON810 pour lequel la CGA a été carrément amputée de l'une de ses extrémités (***le terminateur*** du transgène de Cry1Ab) [133]. Les travaux de Marcello Buiatti et de son équipe montrent que l'absence de ce terminateur conduit à la formation d'une sorte de gène « hybride » comprenant la ***séquence codante*** du transgène et des séquences du gène de maïs dans lequel la CGA est insérée. En d'autres termes, le terminateur n'étant plus là pour marquer la fin du transgène, on obtient une sorte de fusion entre le transgène de la toxine Cry1Ab et les séquences adjacentes du maïs, ce qui pourrait permettre la formation de plusieurs protéines insecticides nouvelles [130] !

Tous ces paramètres peuvent engendrer des effets totalement inattendus et incontrôlables sur l'ensemble du métabolisme de l'OGM (qu'il s'agisse d'une plante ou de tout autre organisme) – sur le fonctionnement de ses propres chaînes de montage et de démontage –, mais également sur le taux d'expression du (ou des) transgène(s) (c'est-à-dire sur la quantité de protéines dont ils détiennent le secret de fabrication).

Par ailleurs, la présence de ces nouvelles protéines — de ces nouveaux ouvriers dans l'usine cellulaire — résulte en des nouvelles voies métaboliques (chaînes de montage ou de démontage) qui vont inévitablement interférer avec l'ensemble de celles de la plante qui constituent un véritable imbroglio (le ***réseau métabolique***).

La figure précédente représente une partie (je dis bien « une partie » seulement) de l'ensemble des voies métaboliques connues (et on ne les connaît pas toutes) qui ont lieu à l'intérieur de chacune des cellules de tout organisme vivant (s'y ajoutent ensuite, pour les cellules de plantes, celles qui sont spécifiques aux végétaux, pour les cellules humaines, celles qui sont spécifiques aux mammifères, etc.). Chaque trait représente une voie métabolique – une chaîne de montage ou de démontage –, et chaque point représente une protéine (une enzyme) – un ouvrier dans l'usine. Quand on ajoute une ou plusieurs protéine(s) codée(s) par un ou plusieurs transgène(s) introduit(s) dans l'organisme, il est absolument impossible d'anticiper la manière dont ces nouvelles protéines vont interagir avec celles naturellement présentes dans les cellules, et comment les nouvelles voies métaboliques auxquelles elles contribuent vont s'insérer dans cet imbroglio parfaitement huilé où tout est interconnecté.

Ce qui est évident, c'est que la présence de ces protéines supplémentaires ne va pas être sans effets sur l'ensemble du réseau métabolique. Un exemple concret nous est donné avec le riz doré (cf. chapitre V : **Les grandes promesses** - ***Plantes à valeur nutritive modifiée***).

Il s'agit d'un riz transgénique contenant trois transgènes qui détiennent le secret de fabrication de trois nouvelles enzymes lui permettant de convertir le GGPP (composé naturellement présent dans les cellules du riz) en carotène à partir duquel est synthétisé la vitamine A. Mais le GGPP, qui ne peut donc pas être naturellement utilisé dans le riz pour faire du carotène, permet aux cellules de riz (ainsi qu'aux autres cellules végétales) de fabriquer plusieurs autres molécules essentielles : la vitamine E, des chlorophylles, et l'acide

gibbérellique (une hormone de plante). La fraction du GGPP, qui dans le riz doré sera utilisée pour fabriquer du carotène, ne sera plus disponible pour la synthèse des autres molécules dont il est également le précurseur. Autrement dit, il est probable que le riz doré, qui fabrique de la vitamine A, fabrique moins de vitamine E, et que les rendements obtenus avec ce riz transgénique soient nettement diminués en raison d'une synthèse amoindrie de chlorophylles et d'acide gibbérellique. Dans ce cas précis, ces effets sont faciles à prévoir car ils sont directs. En revanche, en raison de la complexité du réseau métabolique, et notamment de ces innombrables interconnexions, les perturbations peuvent être beaucoup plus indirectes et toucher des régions du réseau métabolique beaucoup plus lointaines, sans qu'on puisse par conséquent en prévoir les effets, non seulement sur la plante elle-même, mais également sur ses interactions avec l'environnement et sur la chaîne alimentaire.

Un autre exemple nous est apporté par les études du Professeur Arpad Pusztai sur une variété de pommes de terre transgéniques contenant un gène du perce-neige qui détient le secret de fabrication d'une lectine (la lectine GNA) toxique pour un certain nombre de parasites. Les lectines, dont Arpad Pusztai est le spécialiste mondial, sont des protéines faisant notamment partie de l'arsenal défensif des plantes et certaines ont des propriétés insecticides.

Le Professeur Pusztai a montré que les rats nourris avec ces pommes de terre transgéniques étaient victimes de proliférations cellulaires au niveau des muqueuses intestinales et de graves atteintes du système immunitaire alors qu'aucun effet indésirable n'était observé chez les rats nourris avec les pommes de terre conventionnelles correspondantes auxquelles était ajoutée la lectine en question (et dans les mêmes quantités que celles produites par la version transgénique) [134]. En chercheur rigoureux, le Professeur Pusztai a effectué cette expérience contrôle (pommes de terre conventionnelles + lectine) car les lectines elles-mêmes sont susceptibles de causer des effets indésirables. Ces études montrent donc que les effets observés chez les rats nourris avec la variété transgénique ne sont pas dus à la lectine sécrétée par la pomme de terre, mais à des « effets collatéraux » de la transgenèse elle-même, c'est-à-dire à des modifications du métabolisme de la plante résultant de la manipulation génétique.

Pour toutes ces raisons, il n'y a évidemment pas un seul scientifique au monde – même Claude Allègre ! – qui peut appréhender et recenser de façon exhaustive ce que peuvent être à court, moyen ou long terme les conséquences d'une modification génétique sur l'ensemble du métabolisme d'un organisme. Tout biologiste moléculaire qui utilise et fabrique des OGM régulièrement, dans le cadre de ses recherches, qu'elles soient fondamentales ou appliquées, sait à quel point on ne maîtrise pas les « effets collatéraux » d'une transgenèse.

Je peux, à titre d'exemple, relater une expérience concrète provenant de mon activité de recherche. Je travaille sur un champignon filamenteux du sol (*Aspergillus nidulans*) qui est capable, pour se nourrir, d'utiliser un très grand nombre de substrats carbonés, dont l'alcool (éthanol). Et j'étudie plus particulièrement, avec mon équipe, le métabolisme de l'alcool chez cet organisme. En 2006, nous avons inactivé, chez notre champignon, un gène dont on sait qu'il a un lien direct ou indirect avec le métabolisme de l'alcool, mais dont on ne connaît pas les fonctions exactes. Le but de cette inactivation était justement d'avoir des pistes sur son rôle précis dans le métabolisme de l'alcool – nous avons supprimé un ouvrier de la chaîne de démontage de l'alcool dans l'usine cellulaire de notre champignon pour observer les conséquences de son absence et ainsi élucider la nature de sa contribution (exactement comme dans l'exemple du gène de lapin décrit chapitre II). Pour des raisons techniques, nous avons dû, pour réaliser cette inactivation, introduire un transgène provenant d'un autre champignon et l'utiliser comme ***gène marqueur***. Notre champignon génétiquement modifié est alors devenu stérile (*Aspergillus nidulans* a aussi une vie sexuelle) !

Pour nous qui faisons de la recherche fondamentale, c'était très excitant : on inactivait un gène lié au métabolisme de l'alcool, et on affectait la fertilité ! D'ailleurs, à l'époque je me plaisais à dire que l'on étudiait le lien entre le sexe et l'alcool chez notre champignon. Depuis, on a mis en évidence qu'il n'y avait pas de lien direct de cause à effet entre l'inactivation de notre gène d'intérêt et la stérilité, mais que celle-ci était liée à la nature du transgène utilisé comme gène marqueur !

D'autres exemples des effets inattendus de la transgenèse ne manquent pas. En 1982, une souris transgénique géante contenant le gène de l'hormone de croissance de rat est devenue fragile et peu fertile, comme de nombreuses autres souris génétiquement modifiées pour des caractères variés (n'ayant pourtant rien à voir *a priori* avec la fertilité) obtenues depuis dans le cadre de recherches fondamentales [135]. D'après l'équivalence en substance, cette souris géante n'aurait pourtant dû différer de la souris normale que par la taille (puisque le gène qui y a été introduit est un gène d'hormone de croissance). De la même manière, un tilapia génétiquement modifié pour produire plus d'hormone de croissance présente de multiples altérations de processus métaboliques dans divers organes [136]. Une souche de levure (*Saccharomyces cerevisiae*) génétiquement modifiée pour améliorer ses capacités de fermentation, s'est avérée accumuler une substance mutagène, le méthylglyoxal [137]. Des pommes de terre transgéniques résistantes à un virus ont réservé la surprise d'avoir les tubercules qui poussent en l'air, des melons génétiquement modifiés se sont avérés éclater spontanément avant maturité, des animaux (moutons, bovins, poissons) contenant un gène d'hormone de croissance pour qu'ils grossissent plus vite et deviennent plus gros, sont souvent aussi plus agressifs, diabétiques, et certains saumons géants ont la tête déformée (à tel point que les sociétés qui attendent l'autorisation de les commercialiser proposent de les vendre uniquement sous forme de filets pour éviter que les clients ne partent en courant quand ils verront les monstres sur les étals des poissonniers) [135].

Quelle est l'urgence sociale qui justifie, par exemple, que l'on commercialise des poissons géants sans que l'on prenne au minimum le temps de comprendre pourquoi ils ont aussi la tête déformée ?

La protéine codée par le transgène est considérée comme identique à celle codée par le gène naturel correspondant

Cette approximation, qui ressort d'une malhonnêteté scientifique sans nom, a déjà été amplement abordée dans le chapitre précédent à travers des exemples concrets : l'insecticide *Bt* Cry1Ab (cf. chapitre VI : Plantes produisant un (ou des) insecticide(s) (plantes *Bt*) - *Différences entre l'insecticide produit par la plante et celui produit par la bactérie*), et la protéine de défense du haricot contre un insecte produite par le petit pois (cf. chapitre VI - Risques d'allergies dues aux protéines codées par les transgènes).

Elle ne sera donc pas développée ici. Je me contenterai simplement de rappeler brièvement les principales raisons qui font de cette approximation une véritable supercherie (cf. chapitre I : Quelques « petites » remarques d'importance).

Premièrement, le transgène n'est pas identique au gène. Il s'agit d'une construction génétique artificielle (CGA) construite de toutes pièces, où des fragments du gène d'origine ont été remplacés par des séquences d'ADN (des petits morceaux de chromosomes) d'origines différentes. Ces modifications du gène naturel concernent son ***promoteur*** et son ***terminateur*** (séquences situées au début et à la fin du gène et qui ne sont pas traduites en protéine) mais également en partie la ***séquence codante*** (celle qui, par définition, est traduite en protéine) où des ***nucléotides*** — les lettres A, G, C, T — ont été éliminés, d'autres remplacés. Il en résulte bien sûr des modifications de la protéine correspondante qui se trouve alors amputée de certains acides aminés et où d'autres ont été changés.

Deuxièmement, le repliement de la protéine dans l'espace dépend essentiellement de paramètres physico-chimiques (acidité, concentration en sels...) qui peuvent varier en fonction des cellules où la protéine est produite. L'environnement des cellules de l'organisme transgénique (où est fabriquée la protéine codée par le transgène) n'est pas le même que celui des cellules de l'organisme qui fabrique la protéine naturelle correspondante.

Troisièmement, beaucoup de protéines, une fois leur repliement terminé, subissent des modifications chimiques secondaires (appelées ***modifications post-traductionnelles***) qui peuvent être nécessaires à leur fonctionnalité, leur activité, ou leur conférer des propriétés particulières. Là encore, nous n'avons jamais la certitude que les cellules de l'organisme transgénique effectuent correctement ces modifications.

Si une protéine naturelle donnée est connue pour être utilisée en agro-alimentaire depuis de nombreuses années sans qu'aucun problème sanitaire n'y ait été attribué, il sera alors tout simplement considéré que sa version recombinante ne présente aucun risque, et ne nécessite donc aucune évaluation particulière. C'est tellement plus simple comme ça...

Les plantes-pesticides ne sont pas évaluées comme des pesticides

Encore une fois, plus de 99% des PGM cultivées à la surface de la planète ou faisant l'objet de demandes d'autorisation commerciales sont des plantes qui accumulent des pesticides dans leurs cellules (soit parce qu'elles produisent un insecticide en permanence, soit parce qu'elles absorbent un herbicide sans mourir, soit encore parce qu'elles font les deux). Ces plantes étant destinées à l'alimentation animale et/ou humaine (soit directement, soit indirectement par l'intermédiaire des animaux de boucherie nourris avec ces plantes), la moindre des choses serait que ces plantes transgéniques soient évaluées comme des pesticides. Or on est loin du compte. Pour les pesticides utilisés dans la nourriture humaine et animale, la législation européenne (directive 91/414) précise qu'ils doivent avoir subi des tests toxicologiques sur trois espèces animales (dont le rat et la souris) pendant trois mois, complétés par des tests pendant un an sur l'une de ces espèces et des tests à deux ans sur le rat. Deux ans, ça correspond à la durée de vie du rat, ce qui permet d'étudier les effets tout au long de la vie, c'est-à-dire les éventuels effets chroniques (alors que les études à trois mois permettent essentiellement de détecter les effets aigus). Certes, c'est certainement insuffisant. Il faudrait par exemple réaliser des tests sur des femelles en gestation, et étudier les effets sur la descendance, exiger que l'évaluation soit faite sur la formule commerciale du pesticide et pas seulement sur son principe actif, etc. Mais cette législation a au moins le mérite de définir précisément un cadre minimum d'évaluation. En ce qui concerne les PGM, la directive européenne 2001/18, cette fois, ne dit pas qu'elles ne doivent pas être évaluées à moyen et long terme, mais elle ne définit aucun cadre : elle ne précise pas en quoi doit consister au minimum cette évaluation. C'est

12 CGB : Commission du Génie Biomoléculaire, placée sous la double tutelle des ministères de l'environnement et de l'agriculture.

13 AFSSA : Agence Française de Sécurité Sanitaire des Aliments.

14 CRIIGEN : Comité de Recherche et d'Information Indépendantes sur le Génie Génétique.

à l'appréciation des comités et organismes d'évaluation des différents Etats européens, telles que l'ex CGB[12] et l'AFSSA[13] en France. Et aucune PGM, dans le cadre des évaluations officielles, n'a fait l'objet d'études toxicologiques à plus de trois mois sur une seule espèce animale (en général le rat) ! Non seulement ces études ne sont pas obligatoires, mais pour des raisons de protection industrielle, elles sont effectuées par un laboratoire choisi par la firme semencière concernée ! Et l'accès aux résultats des études sanitaires – quand elles ont bien eu lieu – est au prix de batailles juridiques et administratives monstrueuses pour surmonter le fameux « secret industriel » !

Par exemple, la demande d'autorisation initiale du maïs *Bt*11 de *Syngenta*, qui a été autorisé à l'alimentation humaine en Europe en 2004, a été déposée auprès de la France. Le CRIIGEN[14], présidé par Corinne Lepage, avait alors demandé au Ministre de l'agriculture de l'époque, Mr Bussereau, de rendre publique les résultats des études de plus de 80 jours faites sur les rats nourris avec ce maïs. Le Ministère de l'agriculture avait refusé, se réfugiant dans un premier temps derrière le secret des délibérations du gouvernement et dans un second temps derrière le secret industriel. Le CRIIGEN a alors saisi la Commission d'Accès aux Documents Administratifs (CADA) qui a ordonné la communication de ces études. Le 16 mai 2005, Corinne Lepage a alors renouvelé sa demande auprès de Mr Bussereau. Un mois plus tard, dans un courrier daté du 20 juin 2005, la Directrice Générale de l'Alimentation du Ministère de l'Agriculture explique à Mme Lepage qu'elle n'est pas en mesure de satisfaire sa demande car aucune étude de 80 jours n'a été demandée par les instances d'évaluation pour le maïs *Bt*11 [138] !

Un autre exemple de l'opacité et de la carence des études sanitaires des OGM nous est donné par le maïs *Bt* MON863 de *Monsanto* pour lequel le pays évaluateur initial fut l'Allemagne. Il s'agit d'un maïs-insecticide *Bt* destiné à lutter contre l'insecte chrysomèle (cf. chapitre V : **Plantes-pesticides** - ***Plantes produisant un insecticide***), et contenant aussi un gène marqueur de résistance à un antibiotique. L'Allemagne a demandé des tests à 90 jours sur des rats. Cette fois-ci, ces tests ont bien été effectués, mais, bien sûr, sous la responsabilité de la compagnie *Monsanto* [139]. Plusieurs associations, dont Greenpeace, ont demandé la publication des données expérimentales brutes de ces études toxicologiques, et se sont bien sûr heurtées à un refus toujours (officiellement) motivé par le secret industriel. Greenpeace a alors saisi la justice allemande, et c'est devant la cour d'appel de Münster, en juin 2005, que l'organisation écologiste a obtenu gain de cause face à *Monsanto*. Elle a ensuite transmis ces données au CRIIGEN pour qu'il les soumette à un nouveau traitement statistique qui a notamment consisté à extraire des données brutes les effets les plus significatifs spécifiquement imputables à l'absorption de l'OGM. Cette contre-expertise, qui a été publiée en 2007 [140], met en évidence des signes de toxicité hépatique et rénale chez les rats nourris avec cet OGM : sur les 58 paramètres mesurés par *Monsanto*, tous ceux qui sont altérés concernent le fonctionnement des reins ou du foie qui – comme par hasard – sont les deux principaux organes de détoxification. Les experts de *Monsanto* avaient considéré que la variation de ces paramètres n'était pas biologiquement significative au prétexte qu'elle n'était pas la même dans les deux sexes !

Effectivement, les mâles et les femelles ayant mangé l'OGM en question (par rapport aux mâles et aux femelles ayant mangé le maïs conventionnel correspondant) réagissent différemment : les femelles ont une augmentation – pouvant aller jusqu'à 40% – des triglycérides dans le sang, pas les mâles ; les femelles ont une augmentation de la glycémie (taux de sucre dans le sang), pas les mâles ; les femelles ont une augmentation de la taille du foie, pas les mâles ; les mâles ont une diminution de la taille des reins, pas les femelles ; les mâles ont une diminution de 30% des excrétions urinaires de phosphore et de sodium, pas les femelles [140]...

Donc, vous l'aurez compris, il n'y a pas d'inquiétude à avoir ! De plus, *Monsanto* n'a pas étudié statistiquement les variations de poids des animaux. Or, la contre-expertise a révélé que les femelles ont tendance à grossir (3,7% de prise de poids) alors que les mâles ont tendance à maigrir (3,3% de perte de poids) [140]. Si *Monsanto* avait fait ces études, elle en aurait certainement conclu que tout va pour le mieux puisque l'amaigrissement des mâles compense la prise de poids des femelles ! Un homme qui a la tête dans un four à micro-ondes et les pieds dans un bloc de glace ne peut qu'aller très bien puisque sa température sur le nombril est bonne ! On marche sur la tête !

N'importe quel toxicologue sérieux qui voit des effets liés au sexe, entre des garçons et des filles, des hommes et des femmes, ou des mâles et des femelles, suite à un traitement ou à un régime particulier, soupçonne inévitablement une perturbation des hormones sexuelles qui, par définition, ne sont pas les mêmes dans les deux sexes ! Comment se fait il alors qu'au regard de ces analyses, aucun dosage des hormones sexuelles n'ait été exigé par les divers comités d'évaluation ? Un autre argument avancé par les experts du semencier, pour justifier que les variations observées ne seraient pas biologiquement significatives, est que l'ampleur de la perturbation observée n'est pas toujours proportionnelle à la dose d'OGM assimilés. D'une part, il faut savoir que, dans ces études, deux doses seulement d'OGM ont été testées (11% et 33% d'OGM dans l'alimentation des rats), ce qui est un peu léger pour établir des courbes de proportionnalité entre l'effet et la dose. D'autre part, comme l'explique très clairement Gilles-Eric Séralini, l'effet peut ne pas être proportionnel à la dose lorsque les perturbations sont hormonales, justement. Par exemple, une petite dose de polluant aux propriétés féminisantes peut provoquer l'ovulation, tandis qu'une concentration plus importante peut agir comme une pilule contraceptive [141].

Toujours est-il que les résultats de ces études sont suffisamment inquiétants pour, soit appliquer le principe de précaution et mettre définitivement cet OGM au placard dans la mesure où il ne répond à aucune attente sociale qui justifie qu'on l'utilise dans l'urgence malgré les risques qu'il représente, soit exiger que de nouvelles études soient effectuées par des laboratoires indépendants des firmes semencières. De telles études devraient être réalisées sur des temps suffisamment longs jusqu'à ce qu'il n'y ait plus aucune ambiguïté, que ce soit dans le sens de la dangerosité ou dans celui de l'innocuité. Au lieu de cela, cet OGM a été autorisé en Europe à l'alimentation animale en 2005 et humaine en 2006, l'EFSA[15] ayant repris à son compte les conclusions des experts de *Monsanto* quant au caractère « non biologiquement significatif » des perturbations observées chez les rats nourris avec la plante-insecticide en question. Je précise que l'EFSA est l'agence d'évaluation auprès de laquelle s'appuie la Commission Européenne pour décider d'autoriser ou non un OGM à la culture commerciale ou à l'alimentation animale et/ou humaine en Europe quand aucune majorité qualifiée ne s'est dégagée du Conseil des ministres européens de l'agriculture. Or, quel que soit l'OGM concerné, cette majorité qualifiée n'a jamais été atteinte (que ce soit dans le sens d'une autorisation ou d'un refus), et l'EFSA n'a jamais donné un seul avis négatif, y compris dans le cas du MON863...

Les quelques rares études faites sur des animaux à plus de trois mois – et donc en dehors des processus officiels d'évaluation – par des équipes de recherche universitaires indépendantes, ne sont pas là pour nous rassurer. Manuella Malatesta et son équipe, de l'Université d'Urbino en Italie, ont réalisé des études sur des souris nourries pendant 8 mois

15

EFSA : European Food Safety Authority (Agence Européenne de sécurité des Aliments).

avec un soja génétiquement modifié tolérant le Roundup. Ils ont mis en évidence des effets sur les cellules du foie [142], du pancréas [143] ainsi que sur les testicules [144], et ont émis l'hypothèse que ces perturbations étaient dues aux effets toxiques de l'herbicide lui-même.

Dans une revue récente qui recense la littérature scientifique disponible sur les évaluations sanitaires des PGM [145], le Professeur José Domingo de l'Université de Rovira&Virgili à Reus (Espagne), conclut avec la question suivante : « *Où est la preuve scientifique montrant que les PGM et la nourriture qui en dérive ne présentent aucun risque toxicologique ?* ».

Mais le temps que demande l'évaluation scientifique n'est pas compatible avec l'urgence des brevets et des profits !

Alors que fin 2007, lors de son discours de clôture du Grenelle de l'Environnement, Nicolas Sarkosy lui-même a qualifié les PGM de plantes-pesticides, on aurait pu s'attendre à ce que le texte de loi visant à transposer la directive européenne 2001/18 en droit français, et qui a été voté au Parlement début 2008, exige un cadre d'évaluation sanitaire des PGM au moins équivalent à celui des pesticides. Il n'en est rien : à aucun moment, il n'est précisé ce en quoi devra consister l'évaluation des risques pour la santé. Par ailleurs, il n'est fait aucune allusion à la nature des laboratoires qui effectueront les études toxicologiques, et en particulier à la nécessité de leur indépendance vis-à-vis des firmes semencières.

Je ne comprends pas comment des élus, qui sont donc garants de la sécurité sanitaire de leurs concitoyens, ont pu voter un texte qui vise à autoriser la culture commerciale d'OGM en plein champ dans un tel contexte de carence et d'opacité de l'évaluation sanitaire, et placer ainsi la santé publique à le remorque des intérêts financiers des firmes semencières !

Ce texte de loi ne tire aucune leçon des catastrophes sanitaires du passé ! Mais cette fois, les parlementaires qui ont voté en faveur de cette loi devront assumer leur responsabilité car ils ne pourront pas dire qu'ils ne savaient pas...

VIII. RÉPONSES AUX ARGUMENTS LES PLUS RÉPANDUS CHEZ LES VRP DE LA TRANSGENÈSE

« La nature a commis un délit impardonnable, celui de doter les plantes de la faculté de se reproduire gratuitement »

Jean-Pierre Berlan

Je propose ici d'apporter des réponses (ou des éléments de réponse) aux principaux arguments des partisans de la transgenèse généralisée, chacun de ces arguments faisant l'objet de l'intitulé d'une section dans ce chapitre. Ce sont des arguments « chocs » qui, par leur simplicité et leur brièveté, se prêtent particulièrement bien à un relais médiatique. C'est notamment pour cette raison qu'on les entend très souvent et qu'ils sont repris par de nombreux protagonistes que ça arrange et qui n'ont pas envie de s'embêter avec les détails. Les réponses, en revanche, nécessitent souvent des développements importants qu'il est en général très difficile de caser dans un débat télévisé par exemple, même lorsque celui-ci n'est pas animé par Arlette Chabot.

« Les OGM ont toujours existé dans la Nature »

Un argument récurrent pour banaliser les PGM, et tenter ainsi de s'affranchir de tous les aspects sanitaires et environnementaux, consiste à affirmer que la transgenèse ne fait rien d'autre que ce qu'a toujours fait la nature ou ne diffère pas de la ***sélection massale*** pratiquée par les paysans depuis plusieurs millénaires. Par exemple, dans un éditorial de janvier 2005 intitulé « Les OGM, victimes expiatoires ? » [146], Jean-Yves Le Déaut écrit (alors qu'il présidait la commission d'information parlementaire sur les OGM !) : « *Le transfert de gènes existe depuis le début de l'histoire du règne vivant et la nature n'a fait que fabriquer des OGM, tout au long des quatre milliards d'années qui viennent de s'écouler, en sélectionnant les gènes qui apportaient des avantages sélectifs. [...] La transgenèse qui permet la fabrication d'un OGM est une technique qui ne diffère pas fondamentalement des techniques de sélection naturelle...* » Cet argumentaire est pour le moins fallacieux et fait appel à des raccourcis particulièrement douteux. Certes, dans la nature, le transfert de gènes a toujours existé, et constitue l'un des moteurs de l'évolution. Mais il ne faut pas tout confondre. Ces transferts naturels (c'est-à-dire sans l'intervention de la main de l'homme) et l'évolution qui en résulte ont lieu sur des échelles de temps géologiques, avec une évolution parallèle de tous les éléments des écosystèmes. Par exemple, nous, les humains, avons des gènes d'origine bactérienne. Mais sans ces gènes bactériens, nous ne serions jamais devenus l'homme ou la femme que nous sommes. Tous ces transferts de gènes se sont faits de manière aléatoire entre organismes partageant une même niche écologique, celle-ci jouant le rôle de milieu de sélection en ne retenant que les transferts se caractérisant par une meilleure adaptation. Ce processus — qui encore une fois s'est effectué sur de très grandes échelles de temps — a conduit à l'immense diversité que nous connaissons aujourd'hui, que ce soit dans le monde végétal, animal ou microbien. En revanche, avec la transgenèse, non seulement on permet des transferts de gènes entre organismes qui ne se seraient jamais rencontrés naturellement, comme le poisson et la fraise par exemple [147], mais on modifie brusquement (sur une échelle de temps extrêmement courte) les propriétés d'une plante donnée (c'est-à-dire d'un élément d'un écosystème choisi par l'homme) de façon orientée (et non plus aléatoire) pour lui conférer un avantage sélectif particulier (choisi par l'homme) dans cet écosystème. Cette plante pourra alors proliférer au détriment de ses congénères ainsi que des autres éléments de son écosystème qui étaient pourtant initialement aussi bien adaptés qu'elle à cette même niche écologique. Il en résulte donc au contraire une atteinte directe à la biodiversité.

Par ailleurs, les paysans, à travers la sélection massale, n'ont fait que favoriser la reproduction et le développement de plantes et animaux considérés par eux comme utiles en « forçant la main » à des croisements qui pouvaient se faire naturellement (les paysans n'ont pas rendu interfécondables des plantes ou des animaux qui ne l'étaient pas). De plus, cette sélection massale s'est, là encore, effectuée sur de très grandes échelles de temps, et a abouti à une multitude d'espèces et variétés parfaitement adaptées aux différents écosystèmes de la planète. Avec les PGM, au contraire, très souvent l'avantage sélectif conféré par les gènes introduits artificiellement ne peut être obtenu qu'au prix d'une modification de l'écosystème, notamment par un apport important d'intrants. C'est le cas par exemple des plantes transgéniques rendues tolérantes à un herbicide qui ne peuvent présenter un avantage sélectif par rapport aux autres plantes que dans un environnement contenant cet herbicide. Par conséquent, avec la transgenèse végétale, on adapte l'environnement à la plante et non plus les plantes à leur environnement, ce qui conduit inévitablement à une diminution de la biodiversité et à une adaptation artificielle et une standardisation des écosystèmes, c'est-à-dire exactement le contraire de ce qu'ont toujours fait la nature et la sélection massale. Sans oublier que les cultures intensives d'OGM dans des pays comme le Brésil et l'Argentine s'accompagnent d'une déforestation à outrance, autant irresponsable que criminelle en terme d'atteinte à la biodiversité et de conséquences pour les générations futures !

Il est d'ailleurs fort intéressant de constater que ceux-là mêmes qui prétendent que les OGM ont toujours existé dans la nature justifient les brevets sur les PGM par le fait que la « *valeur ajoutée* » (sic) qu'elles représentent est le résultat de la main de l'homme...

« Si les OGM devaient causer des soucis pour la santé, ça se saurait puisque les Américains en mangent déjà depuis quinze ans »

Dans la série des inepties, Louis-Marie Houdebine (directeur de recherche à l'INRA), dans un dossier intitulé « Les idées fausses sur les OGM » [148], dit : « *Il est faux d'affirmer que les produits OGM sont dangereux pour la santé. Chaque jour, des millions de personnes en consomment dans le monde. Aucun effet nocif n'a été observé* ». Sur quelles études sanitaires à grande échelle se base-t-il pour tenir de telles affirmations ?

Et comment de telles études pourraient-elles exister dans la mesure où les pays qui produisent et consomment des OGM depuis plusieurs années (comme les Etats-Unis) ne séparent pas les filières agricoles ? Il est donc impossible de savoir qui consomme des OGM, à quelle dose et à quelle fréquence, et qui n'en consomme pas. Comment pourrait-on alors établir une corrélation entre l'apparition d'un quelconque problème sanitaire et la consommation d'OGM ?

Quand on voit la difficulté qu'ont les personnes qui ont travaillé pendant trente ans au contact de l'amiante à prouver que leurs problèmes pulmonaires sont liés à ce poison, on n'ose imaginer le mal qu'aurait un consommateur qui serait victime de problèmes sanitaires liés à la consommation d'OGM à prouver ce lien de causalité. D'autant plus que si les OGM agro-alimentaires doivent causer des soucis pour la santé, ils ne feront certainement pas mourir subitement dans des cris de douleur, mais il s'agira plus vraisemblablement de problèmes chroniques qui se manifesteront sur le long terme et qui pourront donc être masqués par d'autres effets chroniques ayant des origines diverses. Soit Houdebine le fait exprès, soit il ne sait pas ce qu'est un protocole d'étude toxicologique, ce qui, dans les deux cas, est d'autant plus inquiétant qu'il est membre de l'AFSSA[16].

16

AFSSA : Agence Française de Sécurité Sanitaire des Aliments.

« Les OGM sont incontournables pour subvenir aux besoins alimentaires de la planète »

17 FAO : Food and Agriculture Organization = Organisation des Nations Unies pour l'Alimentation et l'Agriculture.

Cet « *argument* » tarte à la crème que l'on entend sans cesse de la bouche de nombreux scientifiques et politiques montre à quel point ceux qui se prennent souvent pour de « *super-citoyens* » peuvent avoir de la buée sur les carreaux.

Comment peut-on être assez naïf pour croire à la philanthropie des firmes de biotechnologies qui seraient soudainement soucieuses du bien être alimentaire des habitants des pays du Sud ? Ce sont ces mêmes firmes qui produisent des médicaments, et, étrangement, elles sont beaucoup moins motivées par le bien être de ces pays lorsqu'il s'agit de leur donner accès aux médicaments génériques !

18 ONU : Organisation des nations Unies.

Comment nos super-citoyens expliquent-ils qu'aujourd'hui, près de 1 milliard de personnes (soit environ un être humain sur six) dans le monde souffrent de faim et de malnutrition alors que les productions agricoles mondiales permettent, selon la FAO[17], de nourrir 12 milliards de personnes, soit deux fois plus que les besoins alimentaires actuels de la planète ? D'ailleurs Mr Jean Ziegler en personne – ex-rapporteur de l'ONU[18] pour le droit à l'alimentation (de 2001 à 2008), et désormais membre du Comité Consultatif de la Commission des Droits de l'Homme à l'ONU – qualifie la faim dans le Monde de crime contre l'humanité [149].

Comment nos super-citoyens expliquent-ils que 80% de ce milliard de personnes qui meurent de faim ou souffrent de malnutrition dans le Monde sont des paysans. Paradoxal, non ? Fils de paysans, on m'a toujours dit qu'en période de restriction, il valait mieux habiter la campagne que la ville car on avait toujours une salade, un œuf ou une carotte à se mettre sous la dent.

19 INA-PG : Institut National Agronomique de Paris-Grignon.

La faim dans le Monde est évidemment un problème profondément politique et social, et non pas un problème scientifique ou technologique ! Comme l'explique parfaitement Marc Dufumier, Professeur d'agriculture comparée, à l'INA-PG[19], et spécialiste des agricultures des pays du Sud [150], quand les règles de la concurrence internationale imposées par l'OMC[20] obligent le riziculteur de Casamance – qui produit 500 kg de riz manuellement – à vendre son riz le même prix que celui du riziculteur de Louisiane – qui, dans la même période en produit 500 tonnes mécaniquement et à coups d'intrants – elle contraint, de fait, – et même en considérant que les coûts en intrants et en matériel de l'agriculteur nord-américain représentent jusqu'à 90% de ses gains de production – le riziculteur casamançais à être rémunéré, en terme de travail, 100 fois moins que le riziculteur de Louisiane. Une telle exposition à la concurrence internationale place les paysans du Tiers Monde dans l'impossibilité de dégager des revenus suffisants pour vivre décemment de leur métier au pays, et les condamne à l'exode rural pour aller grossir les bidonvilles. Il est évident que la solution à la faim dans le Monde passe par une révision profonde de la politique agricole mondiale, en protégeant notamment les pays du Sud de l'importation des pays du Nord, et en permettant le développement de leurs cultures vivrières. Or, depuis des décennies, l'OMC, le FMI[21] et la Banque Mondiale orientent la production agricole des pays riches vers l'exportation à coup d'énormes subventions de leur agriculture.

A cette politique hégémonique s'ajoute la récente explosion du prix des matières agricoles qui a provoqué les émeutes de la faim du printemps dernier (2008) dans une quarantaine de pays.

Là encore, il ne s'agit pas d'un manque de denrées alimentaires mais de l'impossibilité pour les plus démunis d'y accéder. Les plus pauvres consacrent 80 à 90% de leurs maigres revenus à se nourrir (contre 10 à 15% dans les pays

20 OMC : Organisation Mondiale du Commerce.

21 FMI : Fonds Monétaire International.

riches) [151]. En un an (de février 2007 à février 2008), le prix du riz a augmenté de 74% et celui du blé de 130%. Or, la Banque Mondiale elle-même et le FMI reconnaissent que les deux principales causes de cette envolée des prix sont la spéculation sur le marché des matières agricoles (37% de l'augmentation) et les agro-carburants (45% de l'augmentation) qui détournent une partie du marché mondial pour remplir les réservoirs des voitures des pays riches (au détriment des assiettes des pays pauvres !) [151]. Pour faire un plein de 50 litres avec de l'agro-éthanol, il faut utiliser plus de 300 kg de maïs, c'est-à-dire l'équivalent de la ration alimentaire annuelle d'un enfant mexicain ou africain, sans compter que les terres consacrées à ce carburant réduisent d'autant les surfaces disponibles pour les cultures vivrières [149, 151] !

En quoi les OGM, qui s'inscrivent bien évidemment dans l'intensification de la monoculture et de l'agriculture productiviste, vont-ils changer quoi que ce soit à ces politiques agricoles désastreuses ? La seule raison d'être des OGM agricoles est de permettre à des firmes semencières de déposer des brevets sur des plantes, et d'avoir ainsi la mainmise sur l'alimentation mondiale. Le brevet est une stérilité juridique de la plante qui oblige l'agriculteur à racheter ses semences à chaque cycle de culture. Va-t-on résoudre la faim dans le monde en plaçant les agriculteurs du monde entier – et en particulier ceux des pays du Sud – sous la tutelle des firmes semencières ? Les PGM sont d'autant plus dramatiques pour les pays du Sud qu'elles sont conçues dans les stations agronomiques des pays du Nord à partir de variétés commerciales qui sont très mal adaptées aux niches écologiques locales des différentes régions concernées du Tiers-Monde. Ces PGM sont donc livrées « clé en main » dans les pays du Sud avec un caractère particulier telle que la capacité à lutter contre un insecte ravageur, mais sont beaucoup moins adaptées au climat, aux autres prédateurs, etc., que le sont les variétés locales qui proviennent de la sélection massale des paysans. Il en résulte le plus souvent des chutes de rendements considérables. Et pour obtenir les rendements promis par les compagnies semencières, les paysans du Sud n'ont d'autre solution que de mimer les conditions des stations agronomiques des pays du Nord, c'est-à-dire procéder à divers traitements phytosanitaires, ce qui implique d'acheter les intrants et le matériel nécessaire pour les épandre.

Ainsi, à la dépendance alimentaire s'ajoute une dépendance financière et matérielle qui placent les agriculteurs du Sud au bord du gouffre. Et c'est ainsi que l'on a assisté, par exemple, à une recrudescence des suicides chez les paysans indiens, notamment en Andhra Pradesh, corrélée à la culture massive du coton OGM *Bt* [152]. Si le moyen de résoudre la faim dans le Monde, c'est d'inciter les pauvres à se suicider, alors les OGM sont sans doute une solution.

En ce qui concerne la dépendance imposée par le brevet, on ne peut exclure qu'un agriculteur l'outrepasse en utilisant les graines d'une partie de ses récoltes pour réensemencer ses champs l'année suivante. Pour y remédier, aux Etats-Unis et au Canada, la firme *Monsanto* a recours à ce qui est appelé la « police des gènes », c'est-à-dire à des détectives privés qui, en présence d'huissiers, vont faire des prélèvements dans les champs des agriculteurs qui n'ont pas sollicité les services de la compagnie semencière pour l'année en cours, afin de s'assurer que les plantes qui y sont cultivées ne sont pas des OGM [152]. Dans le cas contraire, l'agriculteur en question est poursuivi en justice pour violation de brevet. Pour les pays du Sud, on imagine mal comment les multinationales pourraient adopter la même stratégie étant donné la multitude de petits paysans dispersés dans les campagnes du Tiers-Monde. D'où la volonté d'ajouter à la stérilité juridique une stérilité biologique, c'est-à-dire de fabriquer des PGM qui contiennent, en plus de la construction génétique artificielle (CGA) conférant la propriété agronomique recherchée (caractère insecticide, tolérance à un herbicide, etc.), une seconde CGA qui rend la plante stérile à la seconde génération. Ce fut le cas du système appelé « Terminator » mis au point dans les années 90 par le ministère américain de l'agriculture en collaboration avec la firme *Delta and Pine Land* rachetée ensuite par *Monsanto*. Face au tollé général suscité par cette stratégie, « Terminator » a été abandonné (nous dit-on). Mais de nombreux autres projets analogues, désignés collectivement sous l'acronyme anglophone beaucoup plus discret de « GURTs » (Technologies de Restriction à l'Usage des ressources Génétiques) ont été conçus par diverses firmes semencières et font aujourd'hui l'objet de demandes de brevets. On aura donc des plantes dotées, en terme de stérilité – et donc de caractères de dépendance –, de la ceinture et des bretelles. Bref, on peut jouer avec la santé, avec l'environnement, mais certainement pas avec le profit, surtout lorsqu'il s'agit de nourrir les «salops» de pauvres.

Au prétexte de nourrir la planète, les OGM agricoles ne peuvent au contraire qu'aggraver la faim dans le Monde. Ils conduisent inexorablement à une mise en péril de la biodiversité et des ressources génétiques paysannes – qui représentent une part importante de l'alimentation de certains pays du Sud : jusqu'à 90% en Afrique sub-saharienne et 70% en Inde – au profit d'une intensification des cultures industrielles et d'une standardisation des environnements. Cette confiscation du vivant porte bien sûr atteinte aux cultures vivrières, et donc à la souveraineté alimentaire des pays concernés, mais également à nos capacités d'adaptation aux évolutions futures, la biodiversité étant notre meilleure assurance pour l'avenir, tant sur le plan alimentaire que sur le plan thérapeutique.

Comment des élus osent-ils encore afficher le chiffon rouge de la faim dans le Monde pour défendre et promouvoir les OGM agricoles ? S'ils ne peuvent tout connaître des aspects techniques des OGM pour en apprécier les risques sanitaires et environnementaux, ils ne peuvent ignorer les véritables causes et les remèdes à la faim et à la malnutrition. Tout comme ils ne peuvent ignorer que, depuis 2000, les états les plus riches n'ont pas trouvé les 82 milliards de dollars par an pendant cinq ans nécessaires pour atteindre les huit objectifs du millénaire que les états de l'ONU s'étaient fixés — notamment l'éradication de la faim sur la planète — alors qu'en quelques semaines des milliers de milliards de dollars ont été débloqués pour sauver les banques !

« Si on ne cultive pas et on n'accepte pas les OGM agricoles, on va prendre du retard par rapport à d'autres pays comme les Etats-Unis »

Tout d'abord, il faut quand même rappeler que : 1) l'OGM que les partisans de la transgenèse s'acharnent à vouloir cultiver aujourd'hui en Europe et en France en particulier est un maïs de la firme américaine *Monsanto* (MON810) ; 2) l'OGM qui fait l'objet de vives controverses sur les risques sanitaires qu'il représente et dont ces mêmes partisans se font l'avocat inconditionnel pour que son autorisation à la consommation animale et humaine en Europe soit maintenue est un maïs de la même firme *Monsanto* (MON863) ; et 3) les tourteaux de soja avec lesquels les obsédés de la concurrence américaine s'empressent de gaver leurs animaux en France et en Europe — et qui sont en grande partie aujourd'hui issus d'OGM — proviennent de toute façon du continent américain.

Par ailleurs, cet argument du « retard » de l'Europe nous est servi à toutes les sauces, sans se préoccuper de la nature du domaine d'activité dans lequel l'Europe prend ce soi-disant retard. Si demain le trafic d'enfants représentait une source de revenus importants aux Etats-Unis, l'Europe devrait-elle s'empresser de légaliser la pédophilie pour combler son « retard » ? Pourquoi vouloir systématiquement concurrencer les Etats-Unis sur leur propre terrain et pour les initiatives les plus folles dans lesquelles ils se sont lancés sans les moindres précautions et garde fous ? Pourquoi, au contraire, ne pas tirer profit de l'expérience grandeur nature des Etats-Unis en matière d'OGM pour justement ne pas commettre les mêmes erreurs ? On sait par exemple que les régions du continent américain qui se sont lancées à corps perdu dans les cultures d'OGM sont dans un processus irréversible qui ne leur permet plus de faire des cultures conventionnelles et bio dans les mêmes espèces. Est-ce que l'Europe souffre aujourd'hui du « retard » qu'elle a pris dans le domaine du bœuf aux hormones ? Et si l'Europe et singulièrement la France montraient un autre exemple ? Et si l'Europe et la France prenaient de l'avance dans un autre domaine, celui de la biosécurité !

« Il faut bien faire des essais en plein champ pour en savoir plus sur les OGM. Les détruire, c'est porter atteinte à la recherche »

Faire croire que les essais en plein champ sont de la recherche est une énorme tromperie. Il s'agit là de développements et d'innovations qui ne dépendent d'ailleurs pas du ministère de la recherche mais du ministère de l'industrie. La technologie OGM qui, encore une fois, est avant tout un outil au service des chercheurs, continue à être utilisée à tour de bras dans les labos, et la destruction des essais OGM n'y change rien. La recherche a bon dos. Alors qu'elle a été sacrifiée – et qu'elle continue à l'être – au profit d'intérêts lucratifs à court terme (cf. chapitre IX : **La démarche anti-scientifique de la technoscience**), on n'hésite pas à se réfugier derrière elle et à l'utiliser comme vitrine lorsque ces mêmes intérêts sont en danger. Quelle indécence !

Par ailleurs, la grande majorité des essais OGM en plein champ n'a pas pour but de mieux évaluer l'OGM. Il s'agit essentiellement des tests appelés « DHS » (Distinction, Homogénéité, Stabilité) et « VAT » (Valeur Agronomique et Technologique) qui sont les tests que doit subir toute plante, OGM ou non, avant d'être inscrite au catalogue officiel, étape indispensable à la commercialisation.

Ces essais s'inscrivent donc déjà dans une démarche de demande ultérieure d'autorisation à la culture commerciale ou à l'alimentation animale et/ou humaine. Certes, il existe néanmoins quelques essais qui ont pour but de mieux apprécier les risques potentiels que représentent les OGM, comme, par exemple, étudier la dissémination du pollen. Le souci est que la planète n'est pas une paillasse de laboratoire. Un essai devrait être une simulation et ne pas représenter de risques en tant que tel : quand on fait une simulation d'une attaque chimique dans le métro pour entraîner la coordination des secours, on réunit tous les ingrédients mais on n'ajoute pas l'agent chimique, quand même. Or si on veut étudier la dissémination du pollen avec le maïs, par exemple, on a nullement besoin d'utiliser le maïs OGM. Il existe du maïs à grains bleus qui peut se croiser avec le maïs à grains jaunes, et qui permet donc de suivre très facilement la dissémination puisque celle-ci se caractérise par l'apparition de plants de maïs dont les épis contiennent des grains bleus parmi les grains jaunes. Et le pourcentage de grains bleus sur ces épis reflète directement le taux de dissémination.

Or nous avons malheureusement déjà la preuve que l'essai OGM en plein champ représente en tant que tel un risque incontrôlable : souvenons-nous de la contamination du riz long grain en provenance des Etats-Unis par le riz OGM LL601 (*Liberty Link*®) de la société *Bayer* [153]. Il s'agit d'un riz transgénique tolérant l'herbicide Liberty, qui n'a jamais été autorisé à la culture commerciale nulle part dans le monde. Il a simplement fait l'objet d'essais en champ aux Etats-Unis entre 1998 et 2001. Cinq ans plus tard (en 2006), on apprenait sa présence dans des importations européennes de riz long grain des Etats-Unis !

On nous dira qu'une plante étant, par définition, destinée au plein champ, il faut bien, à un moment donné faire des tests en champ, tout comme un médicament destiné aux humains doit bien faire l'objet de tests sur des hommes et des femmes. Certes, mais avant de tester un médicament sur des humains (tests cliniques), on aura procédé longuement à des tests en laboratoire sur des cellules en culture puis sur des animaux. Et surtout, on aura démontré, dans le cadre de ces tests, l'utilité sociale du médicament, en ce sens qu'il possède la potentialité de soulager ou soigner sans causer chez les animaux en question des effets plus graves que les bénéfices qu'il apporte.

Qu'en est-il avec les plantes OGM ? A-t-on fait tous les tests qu'il était possible de faire en laboratoire ou en serres ? Et surtout, a-t-on démontré l'utilité sociale de l'OGM en question ? A-t-on consulté les différentes représentations de la société civile pour savoir s'il répond à une attente sociale qui justifie qu'on le sorte des labos ? Non, on fait les essais et on place les citoyens devant le fait accompli !

« Grâce à la traçabilité, les consommateurs ont le choix de manger avec ou sans OGM »

En Europe, un produit alimentaire est étiqueté « OGM » s'il en contient au moins 0,9%. D'une part, il faut savoir que ce seuil de 0,9% n'est pas un seuil sanitaire : il n'y a personne qui a montré qu'en deçà de 0,9% il n'y avait pas de problème pour la santé, et qu'au delà il y en avait. C'est un compromis politique entre les semenciers qui voulaient du 2 ou du 5% et les agriculteurs bio qui voulaient 0%. D'autre part, cet étiquetage ne concerne pas tous les produits alimentaires mais seulement les produits végétaux directs (maïs doux, huiles végétales, etc.). Il ne concerne pas les produits de transformation alimentaire, et encore moins les produits animaliers, tels que le lait ou les œufs, au prétexte que la probabilité de retrouver dans le lait d'une vache le transgène de la plante génétiquement modifiée avec laquelle on l'a nourrie est nulle ou très faible.

Admettons (encore faudrait-il le démontrer), mais le problème est avant tout de savoir ce qu'est devenu le pesticide accumulé dans la plante – notamment le Roundup dans les tourteaux de soja avec lesquels on gave nos animaux dans les élevages intensifs –, chez l'animal, notamment dans le lait des vaches ou les œufs des volailles ?

Et ça, on ne s'en préoccupe pas.

La prétendue traçabilité sur les OGM n'est rien d'autre que du vernis sur des ongles sales.

« Les maïs *Bt* sont plus sains car ils ont moins de mycotoxines »

Ça, c'est la dernière trouvaille pour vanter les maïs-insecticides comme le maïs MON810. Les ***mycotoxines*** sont des toxines élaborées et sécrétées par des champignons microscopiques (des moisissures) dont certains se développent au contact des végétaux, et sont parfois d'importants pathogènes des plantes. Ces mycotoxines peuvent s'avérer être très dangereuses pour l'homme et les animaux, provoquant des intoxications aiguës (parfois mortelles) ou chroniques, et certaines sont connues pour être cancérigènes. Pour que ces mycotoxines se retrouvent dans la plante, le champignon qui la fabrique et la secrète doit pénétrer dans la plante. Cette pénétration du champignon dans la plante est grandement facilitée par la présence d'« ouvertures » ou de blessures telles que celles qui résultent d'attaques de la plante par des insectes ravageurs. Par conséquent, toute plante qui n'est pas ou peu la cible d'insectes ravageurs sera moins exposée à l'attaque de champignons et, par conséquent, contiendra moins de mycotoxines... que quoi ?

Qu'une plante victime des insectes.

Et toute l'astuce de l'argument est là : quand on nous dit « Les maïs *Bt* ont moins de mycotoxines », on se garde bien de préciser « que qui » ou « que quoi ».

Mais il faut bien sûr comparer ce qui est comparable. Un maïs *Bt*, qui est donc protégé contre un (ou plusieurs) insecte(s) ravageur(s) aura ni plus ni moins de mycotoxines que tout autre maïs qui n'est pas victime de ces mêmes insectes, quelle que soit la méthode utilisée. Or, de nombreux maïs conventionnels ou bio ne sont pas la cible de la pyrale par exemple, que ce soit en raison de la pratique culturale (comme la rotation des cultures, c'est-à-dire le fait de ne jamais faire du maïs deux années consécutives dans la même parcelle) ou du recours à d'autres techniques de protection des cultures comme l'utilisation de trichogrammes, minuscules insectes qui ont la particularité de parasiter les œufs de la pyrale et de les détruire.

La diminution du taux de mycotoxines est donc la conséquence de la protection de la plante vis-à-vis de l'insecte ravageur, et non pas du fait qu'elle est transgénique : toute méthode de protection à l'égard des insectes conduit au même résultat. Laisser sous-entendre que la technologie OGM permet de diminuer le taux de mycotoxines au prétexte qu'un maïs *Bt* en a moins qu'un maïs victime de la pyrale, c'est comme comparer un groupe de Français qui a la grippe à un groupe d'Espagnols en bonne santé, et en déduire que pour ne pas avoir 39° de fièvre, il faut être Espagnol.

IX. *QUELQUES CONSIDÉRATIONS CONCLUSIVES*

« On nous a volé la connaissance, on nous a vendu la technologie »

Paul Barre, viticulteur

« Le paradoxe est que ce sont ceux qui font de la science une religion qui qualifient leurs collègues critiques d'obscurantistes »

Jacques Testart

« Je donnerai au Téléthon lorsqu'il faudra faire la quête pour faire la guerre »

Pierre Desproges

Il y a toujours intérêt à débattre de tout. Le débat sur les OGM présente cette particularité qu'il en appelle beaucoup d'autres : la politique et les pratiques agricoles, la place de la science dans la société, son financement, la privatisation du vivant, la sécurité sanitaire et environnementale, le principe de précaution, la désobéissance civile, etc. Certes, il s'agit de questions de société qui ne sont pas nouvelles, mais que le débat sur les OGM a permis de relancer ou de mettre en exergue.

Je propose, en guise de conclusion, d'aborder succinctement ici certains de ces aspects — qui n'ont pas ou peu été développés dans les chapitres précédents — à travers quelques remarques et éléments de discussion.

La fuite en avant

La soif du profit a poussé à l'abandon des polycultures agrobiologiques respectueuses de l'environnement en faveur d'une monoculture consommatrice d'engrais et de pesticides entraînant notamment la disparition des haies et de tous les écosystèmes qui y sont associés. Alors que les divers arômes qui proviennent de la polyculture contribuent à éloigner naturellement les parasites et les insectes ravageurs, la monoculture est une cible inespérée pour ces insectes qui y débarquent par nuages entiers, et nécessite donc le recours aux insecticides. Plutôt que de remettre en cause les pratiques culturales, on nous propose, pour s'affranchir de la pulvérisation d'insecticides, des plantes génétiquement modifiées qui produisent elles-même l'insecticide. Autrement dit, pour soi-disant résoudre des problèmes environnementaux liés à des pratiques agricoles, on fait appel à des technologies qui sont elles-mêmes génératrices de problèmes environnementaux... De la même manière, les élevages intensifs de porcs conduisent à une pollution des nappes phréatiques par le phosphore contenu dans le lisier. Plutôt que de remettre en cause ces modes d'élevages intensifs – 50 porcs en champs ou sur 200 m^2 de lit de paille polluent moins que 200 porcs sur 50 m^2 de béton –, on nous propose des porcs transgéniques dont la salive contient une enzyme qui digère l'acide phytique – principale source de phosphore dans l'alimentation animale –, ou encore des porcs transgéniques herbivores (cf. chapitre V : **Les animaux transgéniques à des fins alimentaires** - ***Des porcs***). Plutôt que revenir à la belle époque où les vaches étaient des herbivores et non des «tourteauvores» transformées en usines à lait qui développent des mammites à répétition, il est tellement plus simple de faire des vaches génétiquement modifiées pour être protégées contre les mammites (cf. chapitre V : **Les animaux transgéniques à des fins alimentaires** - ***Des vaches***)...

Ça s'appelle le progrès !

Cette fuite en avant s'inscrit typiquement dans la démarche scientiste, la confiance absolue dans la science, cette science miracle qui va tout résoudre, y compris les dégâts qu'elle génère. On est dans la croyance : c'est la science-religion dont Claude Allègre est probablement l'un des prophètes les plus emblématiques. Le lieu de culte est le laboratoire, tour d'ivoire de laquelle le scientifique n'a nul besoin de sortir puisque la science (pardon, LA Science), celle des laboratoires, est LA solution.

Pour illustrer ce scientisme ambiant et la démarche de fuite en avant qui y est associée, je ne résiste pas au plaisir de vous faire partager une anecdote qui remonte à 2005 dans les Yvelines où j'étais venu assister, incognito, avec des amis paysans de l'Essonne, à une conférence grand public sur les OGM donnée par l'un de mes éminents collègues d'Evry. A l'époque, il ne me connaissait pas et mes amis lui ayant déjà posé des questions d'ordre agricole, il a sans doute pensé que j'étais paysan moi-même. Lorsqu'il en est venu à parler du saumon géant du Canada (cf. chapitre V : **Les animaux transgéniques à des fins agro-alimentaires** - ***Des poissons***), je lui ai fait part de mes inquiétudes quant aux conséquences environnementales – telles que je les ai décrites précédemment (cf. chapitre VI : **Risques liés à l'avantage sélectif procuré à l'OGM**) – si de tels poissons venaient à s'échapper des piscicultures.

Il m'a alors répondu : « *Oui, bien sûr, ce sont des conséquences qui peuvent être très graves et que l'on ne peut pas négliger, mais on peut très bien imaginer un système qui rend le poisson stérile dès qu'il s'échappe* ». Je lui ai alors fait savoir que j'étais très intéressé par la technique pour pouvoir l'enseigner à mes étudiants. Peut-être les poissons géants sont-ils attachés dans les cages par les testicules, et lorsqu'ils s'échappent, les testicules restent en cage...

Je ne sais toujours pas mais faisons confiance à LA Science, elle a toujours LA solution.

La science et les citoyens

Il y a aujourd'hui un énorme fossé entre le monde scientifique et l'ensemble de la société civile. Le scientifique n'inspire plus la confiance, mais la méfiance, voire la défiance. Et comment pourrait-il en être autrement quand on a fait croire, à coups de rapports d'Académies des Sciences et de Médecine, qu'il n'y avait aucun problème avec les dioxines, l'amiante, les farines animales, etc. Aujourd'hui, quand le scientifique dit « *Dormez tranquille, on s'occupe de tout* », c'est l'insomnie assurée. Mais on ne tire aucune leçon du passé. On continue à asséner des affirmations sur l'innocuité de ceci ou de cela avec des rapports fondés sur aucune démonstration mais sur des présomptions. LA Science ne peut pas se tromper, même si elle s'est déjà trompée mille fois.

Quand les scientifiques auront-ils l'humilité de sortir de leur tour d'ivoire pour reconnaître les erreurs qui ont été commises et faire preuve de prudence ? Quand réaliseront-ils que tout ce qui sort des laboratoires a forcément des retombées sur l'ensemble de la société civile et que la science ne peut pas se faire sans les citoyens ?

Comme nous venons de le voir avec les quelques exemples mentionnés dans la section précédente, le développement des OGM agricoles illustre parfaitement cette situation d'isolement du monde scientifique vis-à-vis du reste de la société. On fonce tête baissée dans l'artillerie lourde des manipulations génétiques pour soi-disant résoudre des problèmes agronomiques sans se poser la question des causes et des alternatives potentielles, c'est-à-dire sans même prendre le temps de consulter ceux-là même qui ont inventé l'agriculture et qui la pratiquent au quotidien. Il suffirait pourtant de consulter le monde paysan dans toute sa diversité pour se rendre compte que les alternatives existent déjà – que ce soit par les ressources génétiques paysannes déjà disponibles ou par les diverses pratiques culturales –, et que faire appel aux OGM pour « résoudre » les problèmes agricoles que l'on prétend résoudre aujourd'hui ou vouloir résoudre demain (cf. chapitre V : **Les grandes promesses**), c'est déplacer une grue pour soulever un grain de sable. Et on ne prend pas non plus le soin de consulter les représentants des associations et ONG[22] de protection de l'environnement, de défense des consommateurs – bref, toute la société civile – pour mieux apprécier les conséquences et les retombées de ces technologies miracles.

On fait des OGM, comme de toute autre technologie, une affaire scientifico-scientifique qui exclut les citoyens. On ne mélange pas les serviettes et les torchons ! LA Science

22 *ONG : Organisation Non Gouvernementale.*

ne s'intéresse aux citoyens que lorsqu'il s'agit de faire signer une pétition pour « sauver la recherche » ou d'inciter à mettre la main au portefeuille pour remplir les caisses du Téléthon !

Il est temps de rendre la science soluble dans la démocratie, c'est-à-dire que les citoyens se la réapproprient pour la mettre au service du bien commun. C'est la mission que s'est donnée la Fondation Sciences Citoyennes [154] qui œuvre à la mise en place de diverses passerelles entre la recherche institutionnelle et le tiers secteur scientifique (associations, ONG, etc.), telles que les conférences de citoyens [135, 155].

Mais cette démocratisation de la science nécessite également une profonde réforme des cursus universitaires qui conduisent à la formation des chercheurs. Devenir chercheur nécessite dix années d'études au cours desquelles il n'y a pas une seule heure de philosophie, de sociologie, pas ou très peu d'histoire des sciences, d'éthique. On finit nos études moulés à la louche avec une tendance à penser que tout ce qui sort d'un laboratoire est forcément bon pour l'humanité parce que c'est le produit d'une activité de recherche. On apprend à nos étudiants à être critiques vis-à-vis de leurs expériences mais le système est tel que cet esprit critique s'arrête au périmètre de la paillasse et le soir quand on quitte la blouse. Il est temps que l'on forme des chercheurs citoyens et non plus des scientistes pour que la science de demain ne ressemble pas à celle d'aujourd'hui.

Le caractère antiscientifique de la technoscience

La science a aujourd'hui laissé la place à la technoscience. En biologie, on ne cherche plus à comprendre le vivant mais à le maîtriser. C'est le résultat de 25 années de politique de gribouille où les gouvernements successifs se sont déresponsabilisés en favorisant une recherche lucrative à court terme pour intéresser les industriels. Cette politique conduit inévitablement à de graves dérives telles que des carences d'évaluations sanitaire et environnementale — le temps que demande ces évaluations n'étant pas compatible avec l'urgence des profits — mais également à des démarches totalement contraires à celles de la science.

Quand des chercheurs sont confrontés à un sujet de recherche, quel qu'il soit — par exemple, comment s'affranchir des dégâts occasionnés par la pyrale sur le maïs ? —, la démarche scientifique voudrait que l'on mette à plat toutes les alternatives. La transgenèse en est une, mais il y en a d'autres. Et pour chacune d'elles, on doit regarder la faisabilité, les risques, les mettre en balance. Si pour une stratégie donnée, les risques n'en valent pas la chandelle ou sont mal maîtrisés, on doit en étudier d'autres permettant d'atteindre le même résultat tout en s'affranchissant de ces risques ou en les minimisant. Or, le développement et la mise au point d'alternatives à des technologies dont on ne maîtrise rien ou pas grand chose nécessite non seulement d'interagir avec des acteurs de la société civile (comme avec les paysans dans le cas de problématiques agronomiques), mais également d'acquérir de nouvelles connaissances dans des secteurs très variés, ce qui est incompatible avec les enjeux financiers liés à la technoscience et la nécessité d'un retour sur investissement rapide.

Par exemple, c'est en stimulant la recherche dans tous les secteurs de l'agronomie que l'on pourra développer des stratégies plus subtiles, moins invasives, et surtout moins hasardeuses que l'artillerie lourde des OGM. Au lieu de cela, le gouvernement a promis de débloquer 45 millions d'euros, non pas pour la recherche agronomique tous azimuts, mais pour les seules biotechnologies végétales. Cherchez l'erreur ! Au lieu de mieux comprendre les mécanismes moléculaires de la protection croisée des plantes contre les virus et des processus infectieux des champignons chez les végétaux, on a recours aux projets d'OGM les plus farfelus pour fabriquer des plantes résistantes aux virus et aux champignons (cf. chapitre V : **Autres plantes agricoles transgéniques** - ***Plantes résistantes aux maladies virales*** et ***Plantes résistantes aux maladies fongiques***). C'est un peu comme si on demandait à un mécanicien de réparer une voiture sans qu'il n'ait jamais appris comment fonctionne un moteur quand il n'est pas en panne. La technologie OGM — et la technoscience en général — est à la recherche ce que les effets spéciaux sont au cinéma. Les effets spéciaux sont un outil au service du cinéaste pour surmonter des difficultés techniques dans la réalisation d'une œuvre cinématographique. Mais un certain nombre de réalisateurs font des effets spéciaux pour le plaisir de faire des effets spéciaux et greffent ensuite une histoire autour pour que ça ressemble à un film. De la même manière, au lieu de faire de la recherche tous azimuts en utilisant, entre autres, la technologie OGM comme un outil, on fait des OGM pour faire des OGM et pour que ça se vende, on nous invente une utilité sociale : la faim dans le monde, la production de médicaments, et demain, les agro-carburants...

Un autre exemple du caractère désastreux de cette mystification de la science nous est donné avec la thérapie génique pour traiter les maladies génétiques. Depuis plus de 20 ans, on a droit chaque année pendant 48 heures à une télémascarade appelée Téléthon où, outre le fait que l'enfant atteint de myopathie ne doit l'intérêt qu'on lui porte pendant un week-end qu'à son tableau clinique qui en fait un parfait outil publicitaire, on trompe les gens en leur faisant croire que la vitesse avec laquelle on trouvera des solutions aux maladies génétiques est fonction de leur générosité. Tout comme on leur a fait croire que le séquençage (appelé abusivement mais volontairement décryptage ; cf. chapitre

I : Quelques notions indispensables) du génome humain était un pas de géant dans le recherche de ces solutions. Or, ce dont ont besoin les laboratoires qui travaillent sur les maladies génétiques n'est pas de l'argent — ils en ont énormément : n'oublions pas que chaque année, le Téléthon récolte une somme équivalente ou supérieure à celle du budget annuel de l'INSERM[23] qui finance toute la recherche médicale publique en France — mais des idées. Et les idées viennent de la recherche fondamentale. Mais celle-ci est en voie d'extinction en raison d'une déresponsabilisation croissante de l'Etat depuis 25 ans dans le financement de la recherche publique, déresponsabilisation à laquelle le Téléthon et toute autre démarche de charité publique à grande échelle ne font que contribuer : l'impôt volontaire que représentent les dons se substitue, au moins partiellement, au budget de l'Etat consacré à la recherche au lieu de s'y ajouter.

L'essentiel de la fraction de l'argent du Téléthon utilisé pour la recherche est englouti par une et une seule technologie : la thérapie génique qui, depuis 20 ans, nous est présentée comme la thérapie miracle. Mais le miracle tarde à venir et la thérapie génique est toujours à mille lieux de ses promesses. Tout comme la transgenèse, c'est une technologie totalement aléatoire dont on ne maîtrise rien. Il s'agit là d'introduire dans des cellules humaines, qui contiennent un gène déficient, la version normale du gène humain correspondant — et non un gène étranger —, mais on ne peut toujours pas décider de l'endroit où ce gène va aller s'insérer et appréhender toutes les conséquences métaboliques et physiologiques que sa présence et son insertion vont engendrer : on ne maîtrise pas avec un gène ce que la nature maîtrise avec des milliers. Si toutes les sommes du Téléthon recueillies depuis 20 ans avaient été consacrées à l'acquisition des connaissances à travers une recherche pluridisciplinaire, il y a fort à parier que les enfants atteints de myopathie ou autre maladie génétique bénéficieraient

23 INSERM : Institut National de la Santé Et de la Recherche Médicale.

aujourd'hui de thérapies dignes de ce nom.

Les chercheurs qui croient défendre la science en défendant la manière dont on nous impose les OGM à la surface de la planète ou en soutenant le Téléthon, sont aussi clairvoyants que des crocodiles qui sponsoriseraient une entreprise de maroquinerie...

Les faucheurs volontaires : anti-science ou éveilleurs de conscience ?

Les faucheurs de PGM et autres opposants aux OGM (entendons OGM agro-alimentaires) ne sont ni des obscurantistes, ni des passéistes ou des anti-science, comme on essaie trop souvent de le faire croire. Ils ne sont pas contre la technologie OGM en tant que telle, mais contre les applications qui en sont faites dans les champs et dans les assiettes. Ils font, par exemple, parfaitement la distinction entre les OGM « outils » utilisés en espaces confinés pour la recherche fondamentale ou pour produire des « protéines-médicaments » et les OGM agro-alimentaires, et ont souvent une excellente connaissance de la problématique des OGM sous tous ses aspects, tant techniques que sociétaux. Le contraste avec de nombreux sénateurs et députés qui prétendent pourtant tout savoir sur les OGM – tels que Bizet, Accoyer, Laffineur et autres Debré – et qui sortent des énormités à faire rougir Claude Allègre, est particulièrement stupéfiant. Je me souviens d'un débat sur la chaîne parlemen-

taire où un internaute faucheur volontaire avait donné une leçon particulièrement cuisante sur les OGM-médicaments au super-citoyen-médecin Laffineur, porteur du projet de loi OGM pour le groupe UMP à l'Assemblée Nationale (rien que ça). Si j'habitais dans sa circonscription, il est évident que je ne voterais pas pour lui, mais je n'irais pas non plus le voir comme médecin...

Les meilleurs débats sur les OGM auxquels j'ai assisté et participé sont d'ailleurs ceux qui ont eu lieu dans les tribunaux à l'occasion des procès des faucheurs. A titre d'exemple, et pour montrer à quel point les faucheurs sont éclairés sur la question des OGM, permettez-moi de relater l'anecdote suivante. Le 16 septembre 2005 a eu lieu à Clermont-Ferrand le procès des faucheurs de Nonette où ils avaient détruit une parcelle de maïs-médicament de la société *Méristem Therapeutics* (ce fameux maïs qui produit une enzyme de chien permettant de digérer les graisses et destinée aux enfants atteints de mucoviscidose ; cf. chapitre III : **Production de protéines d'intérêt pharmaceutique** - ***Pourquoi avoir recours aux plantes-médicaments ?***).

Tout était alors bon pour faire passer les faucheurs volontaires pour de vilains obscurantistes irresponsables prêts à détruire du maïs destiné à des enfants malades. Dans le JT de 20H de David Pujadas, on nous avait alors montré deux faucheurs, racailles des champs, face à une maman d'un enfant atteint de mucoviscidose, en colère. La scène était parfaite. Mais ce qu'a omis de rapporter M. Pujadas dans son JT, c'est qu'une autre maman d'un enfant atteint de mucoviscidose témoignait dans le procès. Sans doute penserez-vous qu'elle témoignait pour la partie civile. Eh bien non : elle témoignait pour la défense des faucheurs ! Et voilà ce que cette dame a dit à la barre : « *Je suis faucheuse volontaire, mère d'un enfant atteint de mucoviscidose qui porte d'ailleurs le tee-shirt des faucheurs. Je souhaite bien évidemment que mon enfant bénéficie d'un médicament qui le guérisse ou le soulage mais je ne veux pas que la production de ce médicament soit au prix d'un risque inconsidéré pour les autres enfants, les autres humains ou l'environnement car je sais que l'on peut très bien produire de telles « protéines-médicaments » par technologie OGM en laboratoire comme ça se fait déjà depuis plus de 20 ans ».* On aimerait que nos décideurs soient aussi bien informés...

Quoi que l'on pense de la désobéissance civique, nous sommes bien obligés de reconnaître que sans les actions médiatiques de fauchage, le débat en France et en Europe serait passé sous la moquette comme ce fut le cas aux Etats-Unis. Les faucheurs d'OGM sont des éveilleurs de conscience qui ont alerté l'ensemble des citoyens et ainsi fait en sorte que le débat puisse exister, y compris au niveau du monde scientifique. Il y a quelques années, une violente polémique accusait de tous les maux les faucheurs et ceux qui osaient exprimer leur solidarité avec eux. C'étaient « les nouveaux barbares », ceux qui n'avaient rien compris au caractère intrinsèquement bon des PGM, au progrès inéluctable qu'apportent les biotechnologies. Pendant les années qui suivirent, le débat contradictoire serein et raisonné essaya non sans succès d'informer, d'alerter l'opinion. En Europe, mais également dans de nombreux autres pays, du Sud en particulier (où il était bien sûr promis la fin de la faim), on commença à saisir les enjeux économiques et environnementaux des plantes transgéniques, à résister à leur introduction à marche forcée, à proposer des alternatives. Beaucoup de gouvernants n'en tinrent pas compte, certains s'abritant honteusement derrière des décisions prises ailleurs (à Bruxelles, par exemple). D'autres exprimèrent cette résistance dans les instances internationales et cherchèrent à développer leurs propres réponses à partir de leurs propres ressources.

Les risques liés aux OGM, qu'ils soient environnementaux, sanitaires, agricoles (atteinte à la diversité des agricultures), économiques, éthiques, recouvrent un principe : le principe de précaution. Celui-ci se doit d'être mieux défini par tous les acteurs de la société civile et pas seulement par des experts de la technoscience soumis très souvent à des pressions mercantiles ou à l'idéologie scientiste. Un bon bout de chemin a été parcouru mais l'issue du débat et des réponses apportées est toujours incertaine, parce que le débat et ses enjeux n'ont pas encore suffisamment pénétré l'ensemble du corps social.

A leur manière, les faucheurs volontaires et ceux qui les comprennent et les soutiennent, qualifiés maintenant de « gourous » ou de « khmers verts », participent de cette lucidité en marche.

A leur manière, les faucheurs volontaires se battent non seulement pour le respect de la planète et des générations futures, mais aussi pour une science plus transparente, plus démocratique et plus citoyenne.

C'est aussi pour cela que je les soutiens de tout mon cœur et de toutes mes forces.

GLOSSAIRE

Acide aminé : Molécule constitutive des ***protéines***. Il en existe 20 différents – les 20 perles, chacune de couleur différente, constitutives des protéines assimilées dans ce livre à des colliers de perles.

ADN : Acide DésoxyriboNucléique. C'est le constituant chimique des ***chromosomes*** (et donc des gènes). Il correspond à l'enchaînement des ***nucléotides***, au nombre de quatre et identifiés par leur initiale respective : A, G, C, et T.

Adventice : Toute plante qui croit sur un terrain cultivé sans y avoir été semé. Les adventices sont souvent désignées globalement sous le terme de « mauvaises herbes ».

Anticorps (Immunoglobuline) : ***Protéine*** intervenant dans la défense immunitaire (fabriquée par les ***cellules***

du système immunitaire) et capable de se fixer spécifiquement sur une protéine ou autre édifice moléculaire reconnu comme étranger — ou appartenant à une structure ou un organisme reconnu comme étranger, tels des agents infectieux (virus, bactéries, parasites). En se fixant sur sa cible, l'anticorps permet de neutraliser la molécule étrangère ou l'agent infectieux en question.

Autoclonage : Terme qui ne veut rien dire en tant que tel (qui se clone soi-même, clonage d'un organisme sur lui-même ???) mais qui a été inventé pour désigner l'obtention d'un organisme génétiquement modifié sans addition de ***gène*** ou fragment de gène provenant d'un autre organisme (tous les fragments de gènes de la ***CGA*** proviennent de l'organisme concerné). Ces organismes sont qualifiés de « SAGE » (Sans Addition de Gène Extérieur) !

Biolistique : Technique (non chirurgicale !) utilisée pour introduire une ***CGA*** dans des ***cellules*** de plantes. Elle consiste, à l'aide d'un appareil appelé ***canon à gènes***, à bombarder des cellules de plante en culture avec des microbilles (de tungstène, d'or ou de platine) d'un demi millimètre de diamètre enduites de la CGA en question. Les microbilles passent à travers les cellules, laissant éventuellement au passage une ou plusieurs CGA qui se décrochent et qui vont alors pouvoir aller s'insérer dans un ou plusieurs ***chromosome(s)*** de la plante.

Canon à gènes : Appareil utilisé dans la technique appelée ***biolistique*** pour bombarder des ***cellules*** de plante en culture avec des microbilles (de tungstène, d'or ou de platine) d'un demi millimètre de diamètre enduites de la ***CGA*** que l'on veut introduire dans ces cellules.

Capside : Assemblage de ***protéines*** constituant une sorte de coque (de capsule) dans laquelle est enfermée le matériel génétique d'un virus.

Cellule : Elément constitutif fondamental de tout être vivant.

Chromosome : Très longue molécule constituée de deux brins parallèles entourés l'un autour de l'autre pour former une double hélice ; chacun des deux brins est lui même constitué de l'enchaînement à la queue leu leu de quatre molécules symbolisées par quatre lettres correspondant à leur initiale respective : A, G, C, T. Les chromosomes contiennent l'information génétique d'un organisme qui est la même dans chacune de ses ***cellules***. Chaque organisme a, dans chacune de ses cellules, un nombre défini de chromosomes.

Construction Génétique Artificielle (CGA) : Chimère génétique constituée de fragments de ***gènes*** (de fragments de ***chromosomes***) qui peuvent être d'origines différentes (provenir d'organismes différents). C'est cette chimère qui est introduite dans un organisme receveur pour en faire un ***organisme transgénique*** : le ***transgène*** ne correspond en fait qu'à une partie de la CGA (la ***séquence codante***) qui peut elle-même avoir été plus ou moins modifiée.

Electroporation : Technique (non chirurgicale !) utilisée pour introduire une ***CGA*** dans des ***cellules*** « receveuses » (notamment des bactéries ou des cellules à l'état de ***protoplastes***), et qui consiste à faire des trous (des pores) dans les cellules en question à l'aide d'une décharge électrique. C'est par ces pores que la CGA peur alors pénétrer dans les cellules.

Enzyme : ***Protéine*** douée d'une activité biologique particulière. Les enzymes sont en quelque sorte les catalyseurs biologiques des réactions chimiques (dites biochimiques) qui ont lieu dans les ***cellules*** de tout organisme vivant.

Enzyme de restriction : ***Protéine*** de bactérie qui possède la propriété biologique de couper la double hélice d'***ADN*** en des endroits précis (déterminés par la séquence, c'est-à-dire l'ordre de succession des molécules correspondant aux quatre lettres A,G,C,T). De nombreuses enzymes de restriction (provenant d'une multitude de bactéries différentes) ont été purifiées et sont utilisées par les généticiens moléculaires comme des outils à leur service pour fragmenter des ***chromosomes*** ou diverses molécules d'ADN. Ce sont des outils incontournables pour notamment réaliser des ***CGA***.

Equivalence en substance : Notion sur laquelle s'appuient de nombreuses instances gouvernementales dans le Monde en matière d'évaluation des OGM, et qui consiste à considérer qu'un OGM ne diffère de l'organisme conventionnel à partir duquel il a été fabriqué que par les ***gènes*** qui y ont été introduits ou modifiés.

Escherichia coli **:** Bactérie intestinale des mammifères (et donc de l'être humain) très utilisée en laboratoire à la fois comme modèle d'étude et comme outil. Elle est en particulier très utilisée comme éprouvette biologique dans toutes les manipulations d'***ADN***, et notamment pour la réalisation des diverses ***CGA*** (c'est en quelque sorte la « mascotte » des généticiens moléculaires).

Gène : Il n'existe pas de définition officielle (académique) du gène. Il y a presque autant de définitions du gène que de biologistes. Toute définition est donc « précaire » et amenée à évoluer avec les connaissances nouvelles acquises qui viennent régulièrement bouleverser les dogmes en place. Communément, jusqu'à aujourd'hui, on entend essentiellement par « gènes » des segments d'***ADN*** (de ***chromosomes***) détenant l'information qui permet à la ***cellule*** de fabriquer une ou plusieurs ***protéine(s)***.

Gène marqueur : Gène utilisé dans une ***construction génétique artificielle*** en plus du ***transgène*** d'intérêt et qui a la particularité de conférer aux ***cellules*** qui l'hébergent (et qui hébergent donc la CGA) une propriété facilement repérable : il permet ainsi d'identifier les cellules devenues transgéniques. Le plus souvent, le gène marqueur est un gène de résistance à un antibiotique mais il peut s'agir aussi, par exemple d'un gène de résistance à un herbicide.

Génome : Ensemble des ***chromosomes*** d'un organisme vivant.

Immunoglobuline : Voir *Anticorps*.

MGM : Mico-organisme Génétiquement Modifié. Ce sont des bactéries, des levures ou des champignons filamenteux (moisissures).

Modifications post-traductionnelles : Modifications chimiques secondaires, comme l'ajout de sucres ou de phosphates, que subissent certaines ***protéines*** après la ***traduction***, c'est-à-dire après l'enchaînement des ***acides aminés*** – des perles – et après leur repliement dans l'espace.

Mycotoxine : Toxine fabriquée et sécrétée par un champignon.

Noyau : Compartiment à l'intérieur de chaque ***cellule*** (à l'exception des bactéries) qui renferme les ***chromosomes***.

Nucléotide : Molécule constitutive de l'***ADN*** (et donc des ***chromosomes*** et des ***gènes***). Il en existe quatre différents identifiés par leur initiale respective : A, G, C et T.

Pesticide : Toute substance destinée à tuer ce qui est considéré comme nuisible aux cultures. C'est le terme générique qui englobe les insecticides (qui tuent les insectes), les herbicides (qui tuent ce qui est appelé les « mauvaises herbes » ou ***adventices***) et les fongicides (qui tuent les champignons).

PGM : Plante Génétiquement Modifiée. Il est parfois préférable d'utiliser l'acronyme PGM au lieu d'OGM quand on parle spécifiquement de plantes transgéniques agricoles pour éviter d'alimenter l'amalgame (cher aux VRP de la ***transgenèse***) avec les OGM utilisés en espaces confinés.

Pluricellulaire (organisme) : Organisme constitué d'un grand nombre de ***cellules*** (comme les animaux dont les humains, les plantes).

Promoteur : Partie d'un gène se situant en amont de la ***séquence codante***, qui marque le début du ***gène*** sur le ***chromosome*** et qui permet sa stimulation (celle-ci est soit permanente, soit fonction d'un certain nombre de paramètres physiologiques ou de signaux extérieurs).

Protéine : Grosse molécule constituée de l'enchaînement de 20 plus petites molécules différentes appelées ***acides aminés*** — les fameuses perles dont je parle dans ce livre — et dont la nature et l'ordre d'enchaînement est défini par la séquence codante du ***gène*** qui en détient le secret de fabrication. Une protéine est donc comme un grand collier de perles qui se replie dans l'espace selon une structure bien précise et propre à chaque protéine.

Protéine recombinante : Se dit d'une ***protéine*** obtenue par ***transgenèse***, c'est-à-dire fabriquée par un organisme différent de celui qui la fabrique naturellement, après qu'il ait reçu le ***gène*** (ou plus précisément la ***CGA*** faite à partir de ce gène) qui en détient le secret de fabrication.

Protoplastes : Se dit de ***cellules*** dépourvues de la paroi dont elles sont normalement dotées (cellules de plantes, de levures, de champignons) et qui les protège, entre autres, des variations de pressions. Des protoplastes doivent donc être maintenus en condition isotonique (c'est-à-dire dans un milieu où la pression osmotique est la même que celle de l'intérieur des cellules).

Recombinaison : Mécanisme moléculaire par lequel un fragment d'***ADN*** peut s'insérer dans un autre ou par lequel deux fragments d'ADN peuvent s'échanger des morceaux entre eux.

Réseau métabolique : Ensemble des processus biologiques ayant lieu dans une ***cellule*** (c'est-à-dire l'ensemble des chaînes de montage et de démontage ayant lieu dans les usines cellulaires d'un organisme).

Sélection massale : Sélection qui consiste pour les agriculteurs à choisir préférentiellement leurs propres semences parmi les graines jugées comme étant les plus intéressantes, sur les épis et les plants dont la croissance, le comportement et le développement, présentent les caractéristiques les plus recherchées.

Séquençage : Technique qui consiste à déterminer l'ordre de succession des ***nucléotides*** (des quatre lettres A,G,C,T) tout le long d'une molécule d'***ADN*** (ou sur chacun des deux brins d'un ***chromosome***)

Séquence codante : Se dit de la partie d'un ***gène*** qui détient le secret de fabrication d'une ***protéine*** (qui est traduit en protéine).

Terminateur : Partie d'un ***gène*** se situant en aval de la ***séquence codante*** et qui marque la fin du gène sur le ***chromosome***.

Traduction : Processus qui permet de passer du ***gène*** à la ***protéine***, c'est-à-dire du langage génétique en quatre lettres (A, G, C, T) au langage protéique en 20 lettres (les 20 perles de 20 couleur différentes ou ***acides aminés***).

Transgène : ***Gène*** d'un organisme « donneur » introduit dans un organisme « receveur » ; ce dernier est alors dit ***transgénique***.

Transgenèse : Ensemble des processus qui permettent de fabriquer un ***organisme transgénique***

Transgénique (organisme) : Organisme génétiquement modifié contenant au moins un ***gène*** provenant d'un autre organisme (***transgène***).

Unicellulaire (organisme) : Organisme constitué d'une seule ***cellule*** (c'est le cas de certains microbes comme les bactéries, les levures).

SOURCES ET RÉFÉRENCES

1. Hernan M.A. et al. 2004. *Recombinant hepatitis B vaccine and the risk of multiple sclerosis. A prospective study.* Neurology, 63 : 838-42.

2. http://agmed.sante.gouv.fr/htm/10/hepatite/vhb04.pdf

3. Bines J.E. 2005. *Rotavirus vaccines and intussusception risk.* Current Opinion in Gastroenterology, 21 : 20-25

4. http://francedenbas.free.fr/Lipase_Dr_Velot.pdf

5. Babusiaux C., Le Déaut J.-Y., Sicard D. et Testart J. *Plantes transgéniques : l'expérimentation est-elle acceptable ?* La Documentation française, 2003

6. Hellwig S. et al. 2004. *Plant cell cultures for the production of recombinant proteins.* Nature Biotechnology, 22 : 1415-1422.

7. *Biological confinement of genetically engineered organisms.* 2004. The National Academic Press, Washington, DC. http://*books.nap.edu*/catalog.php?record_id=10880

8. Rhone-Poulenc Rorer SA et INRA. WO/1995/O25793. http://www.wipo.int/pctdb/en/wo.jsp?IA=FR1995000318&DISPLAY=STATUS

9. Occaldi P. et Millet A. 1996. *Xénogreffe et Transgenèse*. Biofutur, 158 : 17-25

10. http://www.bioedonline.org/picks/news.cfm?art=628

11. ISAAA : *International Service for the Acquisition of Agri-biotech Applications.*
http://www.isaaa.org/resources/publications/briefs/37/pptslides/french/Brief37slides-french.pdf

12. Tricoli D.M. et al. 1995. *Field evaluation of transgenic squash containing single or multiple virus coat protein gene constructs for resistance to cucumber mosaic virus, watermelon mosaic virus 2, and zucchini yellow mosaic virus*. Biotechnology, 13 : 1458-1465

13. http://www.ogm.gouv.fr/experimentations/essais_implantes/fip2001/FIP%200002051.pdf

14. http://www.inra.fr/internet/Directions/DIC/ACTUALITES/DOSSIERS/OGM/dousi.htm

15. Ye X. et al. 2000. *Engineering the provitamin A (beta-carotene) biosynthetic pathway into (carotenoid-free) rice endosperm*. Science, 287 : 303-305

16. Morris J. et al. 2008. *Nutritional impact of elevated calcium transport activity in carrots*. Proceedings of the National Academy of Sciences, USA, 105 : 1431-1435

17. Inf'OGM ACTU n°7, mars 2008

18. Question n°15 666, publiée au Journal Officiel le 29 janvier 2008, p707

19. Zhu Z. et al. 1985. *Novel gene transfer into the fertilized eggs of gold fish* Carassius auratus. Sonderdruck aus zeitschrift für angewandte Ichthyologie, 1 : 31-34

20. Fletcher G.L. et Davies P.L. 1991. *Transgenic fish for aquaculture*. Genetic Engineering (NY), 13 : 331-370

21. Du S.J. et al. 1992. *Growth enhancement in transgenic Atlantic salmon by use of an « all fish » chimeric growth hormone gene construct*. Biological Technology, 10 : 176-181

22. Delvin R.H. et al. 1994. *Extraordinary salmon growth*. Nature, 371 : 209-210

23. Delvin R.H. et al. 1994. *Growth enhancement of salmonids through transgenesis using « all-salmon » gene construct*. In: *High performance fish: Proceedings of an international fish physiology symposium* (Ed. MacKinlay D.D.), pp. 343-345, University of British Columbia, Vancouver, Canada

24. Delvin R.H. et al. 1995. *Production of germline transgenic Pacific salmonids with dramatically increased growth performance*. Canadian Journal of Fisheries and Aquatic Sciences, 52 : 1376-1384

25. Fletcher G.L. et al. 2000. *Molecular farming / Transgenic salmon : potential and hurdles*. In: *Proceedings of the OECD Workshop* (Eds. Toutant J.P. et Balazs E.), La Grande Motte, France

26. Shears, M.A. et al. 1991. *Transfer, expression and stable inheritance of antifreeze protein genes in Atlantic salmon* Salmo salar. Molecular Marine Biology and Biotechnology, 1 : 58-63

27. Hew C.L. et Fletcher G.L. 2001. *The role of aquatic biotechnology in aquaculture*. Aquaculture, 1 : 191-204

28. Du S.J. et al. 1992. *Growth hormone gene transfer in Atlantic salmon : use of fish antifreeze/growth hormone chimeric gene construct*. In: *Transgenic Fish* (Eds. Hew C.L. et Fletcher G.L.), pp. 176-189

29. Golovan, S.P. et al. 2001. *Pigs expressing salivary phytase produce low phosphorus manure.* Nature Biotechnology, 19: 741-745.

30. http://stn.nsc.gov.tw/en/view_detail.asp?doc_uid=0960719002

31. Lai L. et al. 2006. *Generation of cloned transgenic pigs rich in omega-3 fatty acids.* Nature Biotechnology, 24 : 435-436

32. Wall R.J. et al 2005. *Genetically enhanced cows resist intramammary* Staphylococcus aureus *infection.* Nature Biotechnology, 23 : 445-451

33. Brundige D.R. et al. 2008. *Lysosyme transgenic goat's milk influences gastrointestinal morphology in young pigs.* The Journal of Nutrition, 138 : 921-926

34. Programme FAIR de coopération de l'Angleterre, des Pays-Bas et de la Norvège. 2000. *Extrusion processing and enzymatic conversion as a tool for partially replacing fishmeal by cereal grains for use in aquaculture*

35. Revue de Presse Quotidienne. Mission Agrobiosciences. 22 avril 2005 [Libération, Sud-Ouest, Web-Agri et Le coopérateur agricole (Québec)].
http://www.agrobiosciences.org/article.php3?id_article=1376

36. http://www.inra.fr/internet/Directions/DIC/ACTUALITES/DOSSIERS/OGM/desmaz.html

37. http://www.inra.fr/internet/Directions/DIC/ACTUALITES/DOSSIERS/OGM/barre.html

38. http://www.lesaffreyeastcorp.com/wineyeast/ML01%20KH%206-13-05.pdf

39. http://www.cfsan.fda.gov/~rdb/opa-g120.html

40. http://www.patfr.com/200506/WO2005058947.html

41. Séralini G.-E. *Ces OGM qui changent le Monde*. Flammarion, 2004

42. Rani S.S. et Balaraman K. 1996. *Effect of inscticidal crystal proteins of* Bacillus thuringiensis *on human erythrocytes* in vitro. Indian Journal of Experimental Biology, 34 : 1241-1244

43. Fares N.H. et El-Sayed A.K. 1998. *Fine structural changes in the ileum of mice fed on delta-endotoxin-treated potatoes and transgenic potatoes*. Natural toxins, 6 : 219-233

44. Kroghsbo S. et al. 2008. *Immunotoxicological studies of genetically modified rice expressing PHA-E lectin or* Bt *toxin in Wistar rats*. Toxicology, 245 : 24-34

45. Saxena D. et al. 1999. *Transgenic plants : insecticidal toxin in root exudates from* Bt *corn*. Nature, 402 : 480

46. Saxena D. et al. 2004. *Larvicidal Cry proteins from* Bacillus thuringiensis *are released in root exudates of transgenic* B. thuringiensis *corn, potato, and rice but not of* B. thuringiensis *canola, cotton and tobacco*. Plant Physiology and Biochemistry, 42 : 383-387

47. Saxena D. et al. 2002. Bt *toxin is released in root exudates from 12 transgenic corn hybrids representing three transformation events*. Soil Biology and Biochemistry, 34 : 133-137

48. Stotzky G. 2004. *Persistence and biological activity in soil of the insecticidal proteins from* Bacillus thuringiensis, *especially from transgenic plants*. Plant and Soil, 266 : 77-89

49. Baumgarte S. et Tebbe C.C. 2005. *Field studies on the environmental fate of the Cry1Ab* Bt-*toxin produced* *by transgenic maize (MON810) and its effect on bacterial communities in the maize rhizosphere*. Molecular Ecology, 14 : 2539-2551

50. Zwahlen et al. 2003. *Degradation of the Cry1Ab protein within transgenic* Bacillus thuringiensis *corn tissue in the field*. Molecular Ecology, 12 : 765-775

51. Nguyen H.T. et Jehle J.A. 2007. *Quantitaive analysis of the seasonal and tissue-specific expression of Cry1Ab in transgenic maize MON810*. Journal of Plant Diseases and Protection, 114 : 820-887

52. Greenpeace. 2007. *How much* Bt *toxin do genetically engineered MON810 maize plants actually produce ?* http://www.greenpeace.de

53. Zwahlen et al. 2003. *Effects of transgenic* Bt *corn litter on the earthworm* Lumbricus terrestris. Molecular Ecology, 12 : 1077-1086

54. Dively G.P. et al. 2004. *Effects on monarch butterfly larvae (Lepidoptera: Danaidae) after continuous exposure to Cry1Ab expressing corn during anthesis*. Environmental Entomology, 33 : 1116-1125

55. Prasifka P.L. et al. 2007. *Effects of Cry1Ab-expressing corn anthers on the movement of monarch butterfly larvae*. Environmental Entomology, 36 : 228-233

56. Dutton A. et al. 2005. *Effects of* Bt *maize expressing Cry1Ab and* Bt *spray on* Spodoptera littoralis. Entomologia Experimentalis et Applicata, 114 : 161-169

57. Vojtech E. et al. 2005. *Effects of* Bt *maize on the herbivore* Spodoptera littoralis *(Lepidoptera: Noctuidae) and the parasitoid* Cotesia marginiventris *(Hymenoptera: Braconidae)*. Transgenic Research, 14 : 133-144

58. Meissle M. et al. 2005. *Efftects of* Bt *maize-fed prey*

on the generalist predator Poecilus cupreus L. *(Coleoptera: carabidae)*. Transgenic Research, 14 : 123-132

59. Rosi-Marshall E.J. et al. 2007. *Toxins in transgenic crop byproducts may affect headwater stream ecosystems.* Proceedings of the National Academy of Sciences, USA 104 : 16204-16208

60. Bohn T. et al. 2008. *Reduced fitness of* Daphnia magna *fed a* Bt-*transgenic maize variety.* Archives of Environmental Contamination and Toxicology, March 18

61. Douville M. et al. 2007. *Occurrence and persistence of* Bacillus thuringiensis *(*Bt*) and transgenic* Bt *corn cry1Ab gene from an aquatic environment.* Ecotoxicology and Environmental Safety, 66 : 195-203

62. Schmidt J.E.U. et al. 2008. *Effects of activated* Bt *transgene products (Cry1Ab, Cry3Bb) on immature stages of the Ladybird* Adalia bipunctata *in laboratory ecotoxicity testing.* Archives of Environmental Contamination and Toxicology, DOI : 10.1007/s00244-008-9191-9

63. Chilcutt C.F. et al. 2004. *Contamination of refuges by* Bacillus thuringiensis *toxin genes from transgenic maize.* Proceedings of the National Academy of Sciences, USA, 101 : 7526-7529

64. Inf'OGM ACTU N°7, février 2008

65. Tabashnik B.E. et al. 2008. *Insect resistance to* Bt *crops: evidence versus theory.* Nature Biotechnology, 26 : 199-202

66. Inf'OGM N° 54, juin 2004

67. Huang F.N. et al. 2007. *F2 sreen for resistance to a* Bacillus thuringiensis-*maize hybrid in the sugarcane borer (Lepidoptera: Crambidae).* Bulletin of Entomology Research, 97 : 437-444

68. Van Rensburg J.B.J. et al. 2007. *First report of field resistance by the stem borer,* Busseola fusca *(Fuller) to* Bt-*transgenic maize*. South Africa Journal of Plant Soil, 24 : 147

69. Séralini G.-E. *Génie génétique, des chercheurs citoyens s'expriment*. Sang de la Terre, 1997

70. Séralini G.-E. *Transgénique, le temps des manipulations*. Frison-Roche, 1998

71. Yousef M.I. et al. 1995. *Toxics effects of carbofuran and glyphosate on semen characteristics in rabbits*. Journal of Environmental Science and Health B, 30 : 513-534

72. Peluso M. et al. 1998. *^{32}P-postlabelling detection of DNA adducts in mice treated with the herbicide Roundup*. Environmental and Molecular Mutagenesis, 31 : 55-59

73. Martinez A. et al. 2007. *Cytotoxicity of the herbicide glyphosate in human peripheral blood mononuclear cells*. Biomedica, 27 : 594-604

74. Monroy C.M. et al. 2005. *Cytotoxicity and genotoxicity of human cells exposed* in vitro *to glyphosate*. Biomedica, 25 : 335-345

75. Marc J. et al. 2002. *Pesticide Roundup provokes cell division dysfunction at the level of CDK1/cyclin B activation*. Chemical Research in Toxicology, 15 : 326-331

76. Marc J. et al. 2004. *Glyphosate-based pesticides affect cell cycle regulation*. Biology of the Cell, 96 : 245-249

77. Marc J. et al. 2004. *Formulated glyphosate activates the DNA-response checkpoint of the cell cycle leading to the prevention of G2/M transition*. The Journal of Toxicological Sciences, 82 : 436-442

78. Courrier International, n° 381, 25 février 1998, p. 8

79. Savitz D.A. et al. 1997. *Male pesticide exposure and pregnancy outcome*. American Journal of Epidemiology, 146 : 1025-1036

80. Daruich J. et al. 2001. *Effect of the herbicide glyphosate on enzymatic activity in pregnant rats and their fetuses*. Environmental Research, 85 : 226-231

81. Beuret C.J. et al. 2005. *Effect of the herbicide glyphosate on liver lipoperoxidation in pregnant rats and their fetuses*. Reproductive Toxicology, 19 : 501-504

82. Richard S. et al. 2005. *Differential effects of glyphosate and Roundup on human placental cells and aromatase*. Environmental Health Perspectives, 113 : 716-720

83. Benachour N. et al. 2007. *Time- and dose-dependant effects of Roundup on human embryonic and placental cells*. Archives of Environmental Contamination and Toxicology, 53 : 126-133

84. Nakaki T. et al. 2000. *Glufosinate ammonium stimulates nitric oxide production through N-methyl D-aspartate receptors in rat cerebellum*. Neuroscience Letters, 290 : 209-212

85. Matsumura N. et al. 2001. *Glufosinate ammonium induces convulsion through N-methyl-D-aspartate receptors in mice*. Neuroscience Letters, 304 : 123-125

86. Fujii T. 1997. *Transgenerational effects of maternal exposure to chemicals on the functional development of the brain in the offspring*. Cancer Causes and Control, 8 : 524-528

87. Watanabe T. 1997. *Apoptosis induced by glufosinate ammonium in the neuroepithelium of developing mouse embryos in culture*. Neuroscience Letters, 222 : 17-20

88. « *Argentine, le soja de la faim* ». Documentaire de Marie-Monique Robin, Galaxie presse, 2005 (diffusé sur ARTE le 26 octobre 2005)

89. Benbrook C.M. 2004. *Genetically engineered crops and pesticide use in the United States : the first nine years.* Biotech InfoNet, Technical Paper n°7

90. Statistiques de l'Institut Canadien pour la Protection des Cultures

91. Cox C. 1998. *Glyphosate (Roundup).* Journal of Pesticide Reform, 18 : 3-17

92. Jiraungkoorskul W. et al. 2003. *Biochemical and histopathological effects of glyphosate herbicide on Nile tilapia (*Oreochromis niloticus*).* Environmental Toxicology, 18 : 260-267

93. Pettersson M. et Ekelund N.G. 2006. *Effects of the herbicides Roundup and Avans on* Euglena gracilis. Archives of Environmental Contamination and Toxicology, 50 : 175-181

94. http://www.inra.fr/internet/Directions/DIC/ACTUALITES/DOSSIERS/OGM/tepfer.htm

95. Van Ree R. et al. 2000. *Beta(1,2)-xylose and alpha(1,3)-fucose residues have a strong contribution in IgE binding to plant glycoallergens.* Journal of Biological Chemistry, 275 : 11451-11458

96. Prescott V.E. et al. 2005. *Transgenic expression of bean alpha-amylase inhibitor in peas results il altered structure and immunogenicity.* Journal of Agricultural and Food Chemistry, 53 : 9023-9030

97. Inf'OGM N°18, mars 2001. *Starlink : chronique d'un scandale annoncé*
http://www.infogm.org/IMG/pdf/doc-38.pdf

98. Devaux C. et al. 2005. *High diversity of oilseed rape pollen clouds over an agro-ecosystem indicates long-distance dispersal*. Molecular Ecology, 14 : 2269-2280

99. Klein E.K. et al. 2006. *Mixing of propagule from discrete sources at long distance : comparing a dispersal tail to an exponential*. BMC Ecology, 6 : 3-14

100. Brunet Y. 2003. *Evidence for long-range transport of viable maize pollen*. Proceedings the 1st European Conference on the Coexistence of Genetically Modified Crops with Conventional and Organic Crops, November 2003, Helsinger, Danemark

101. Brunet Y. 2006. *On maize pollen transport in the atmospheric boundary layer*. 27th Conference on Agricultural and Forest Meteorology, May 2006, San Diego, CA, USA

102. Inf'OGM ACTU N°9, mai 2008

103. Dossier CGB B/FR/03.03.02

104. Panoff J.-M. et al. 2006. *Les transferts génétiques horizontaux*. Biofutur N°269

105. Davies J. 1990. *Interspecific gene transfer: where next ?* Trends in Biotechnology, 8 : 198-203

106. Mazodier P. et Davis J. 1991. *Gene transfer between distantly related bacteria*. Annual Review of Genetics, 25 : 147-171

107. Stewart, G.J. et Sinigalliano C.D. 1990. *Detection of horizontal gene transfer by natural transformation in native and introduced species of bacteria in marine and synthetic sediments*. Applied Environmental Microbiology, 56 : 1818-1824

108. Veal D.A. et al. 1992. *Genetic exchange in natural microbial communities*. Advances in Microbial Ecology, 12 : 383-430

109. Wellington E.M.H. et van Elsas J.D. (Eds). 1992. *Genetic interactions among micro-organisms in the natural environment*. Pergamon Press, Oxford

110. Carlson T.A. et Chelm B.K. 1986. *Apparent eukaryotic origin of gluthamine synthetase II from the bacterium* Bradyrhizobium japonicum. Nature, 322 : 568-570

111. Doolittle R.F. et al. 1990. *A naturally occuring horizontal gene transfer from a eukaryote to a prokaryote*. Journal of Molecular Evolution, 31 : 383-388

112. Froman B.E. et al. 1989. *Isolation and characterisation of the phosphoglucose isomerase gene from* Escherichia coli. Molecular and General Genetics, 217 : 126-131

113. Lamour V. et al. 1994. *Evolution of the Glx-tRNA synthetase family : the glutaminyl enzyme as a case of horizontal gene transfer.* Proceedings of the National Academy of Sciences, USA, 91 : 8670-8674

114. Wakabayashi S. et al. 1986. *Primary sequence of a dimeric bacterial haemoglobin from* Vitreoscilla. Nature, 322 : 481-483

115. Bryngelsson T. et al. 1998. *Uptake of host DNA by the parasituc fungus* Plasmodiophora brassicae. Physiological and Molacular Plant Pathology, 33 : 163-171

116. Buhariwalla H. et Mithen R. 1995. *Cloning of a Brassica repetitive DNA element from resting spores of* Plasmodiophora brassicae. Physiological and Molacular Plant Pathology, 47 : 95-101

117. Hoffman T. et al. 1994. *Foreign DNA sequences are received by a wild-type strain of* Aspergillus niger *after coculture with transgenic higher plants.* Current Genetics, 27 : 70-76

118. Becker J. et al. 1994. *Begleitende Sicherheitsfors-*

chung zur freisetzung gentechnisch veränderter petunien. In: *Biologische Sicherheit*, Vol. 3, pp. 563-578. Bundesministerium für Forschung und Technologie, Bonn

119. Smalla K. 1995. *Horizontal gene transfer from transgenic plants into plant associated micro-organisms and soil micro-organisms.* In: *Proceedings of the Basel Forum of Biosafety; Safety of Transgenic Crops, Environmental and Agriculture Considerations*, pp. 29-34. BATS, Agency for Biosafety Research and Assessment of Technology Impacts of the Swiss Priority Program Biotechnology, Basel.

120. Schlüter K. et al. 1995. *"Horizontal" gene transfer from a transgenic potato line to a bacterial pathogen (*Erwinia chrysanthemi*) occurs —if at all— at an extremely low frequency.* Biotechnology, 13 : 1094-1098

121. Broer I. et al. 1996. *Examination of the putative horizontal gene transfer from transgenic plants to* Agrobacteria. In: *Transgenic Organisms and Bio-safety, Horizontal Gene Transfer, Stability of DNA and Expression of Transgenes* (Schmidt E.R. et Hankeln T., Eds), pp. 67-70. Springer Verlag, Heidelberg

122. Mitten D. et al. 1996. *Evaluation of potential gene transfer from transgenc plants.* In: *Transgenic Organisms and Bio-safety, Horizontal Gene Transfer, Stability of DNA and Expression of Transgenes* (Schmidt E.R. et Hankeln T., Eds), pp. 67-70. Springer Verlag, Heidelberg

123. Nielsen K.M. et al. 1997. *Evaluation of possible horizontal gene transfer from transgenic plants to the soil bacterium* Acinetobacter calcoaceticus *BD413.* Theoretical and Applied Genetics, 95 : 815-821

124. Heinemann J.A. et Traavik T. 2004. *Problems in monitoring horizontal gene transfer in field trials of transgenic plants.* Nature Biotechnology, 22 : 1105-1109

125. Nielsen K.M. et al. 1998. *Horizontal gene transfer from transgenic plants to terrestrial bacteria – a rare event ?* FEMS Microbiology Reviews, 22 : 79-103

126. Quist D. et Chapela I.H. 2001. *Transgenic DNA introgressed into traditional maize landraces in Oaxaca, Mexico.* Nature, 414 : 541-543

127. Inf'OGM N°53, mai 2004
http://www.infogm.org/article.php3?id_article=1551

128. http://perso.nnx.com/gmarchan/kochko.htm

129. Gerstein M.B. et al. 2007. *What is a gene, post-ENCODE ? History and updated definition.* Genome Research, Cold Spring Harbor Laboratory Press

130. Rosati A. et al. 2008. *Characterization of 3'-transgene insertion site and derived mRNAs in MON810 YieldGard® maize.* Plant Molecular Biology, 67 : 271-281

131. Windels P. et al. 2001. *Characterisation of the Roundup ready soybean insert.* European Food Research and Technology, 213 : 107-111

132. Collonnier M. et al. 2003. *Characterization of commercial GMO inserts: a source of useful material to study genome fluidity.* Poster présenté au 7th International Congress of Plant Molecular Biology, Barcelone, juin 2003

133. Hernandez M. et al. 2003. *A specific real-time quantitaive PCR detection system for event MON810 in maize YieldGard® based on the 3'-transgene integration sequence.* Transgenic Research, 12 : 179-189

134. Ewen S. et Pusztai A. 1999. *Effect of diets containing genetically modified potatoes expressing* Galanthus nivalis *lectin on rat small intestine.* The Lancet, 354 : 1353-1354

135. Testart J. *Le vélo, le mur et le citoyen.* Belin, 2006

136. Martinez, R. et al. 2000. *Growth efficiency in transgenic tilapia (*Oreochromis *sp.) carrying a single copy of an homologous cDNA growth hormone*. Biochemistry and Biophysical Research Communication, 267 : 466-472

137. Inose T. et Murata K. 1995. *Enhanced accumulation of toxic compounds in yeast cells having high glycolytic activity: a case study on the safety of genetically engineered yeast*. International Journal of Food science and technology, 30 : 141-146

138. http://www.criigen.org/content/view/36/32/

139. Hammond B. et al. 2006. *Results of a 90-day safety assurance study with rats fed grain from rootworm-protected corn*. Food Chemistry and Toxicology, 44 : 147-160

140. Séralini G.-E. et al. 2007. *New analysis of a rat feeding study with a genetically modified maize reveals signs of hepatorenal toxicity*. Archives of Environmental Contamination and Toxicology, 52 : 596-602

141. Pelt J.-M. et Séralini, G.-E. *Après nous le déluge ?* Flammarion/Fayard, 2006

142. Malatesta M. et al. 2002. *Ultrastructural morphometrical and immunocytochemical analyses of hepatocyte nuclei from mice fed on genetically modified soybean*. Cell structure and Function, 27 : 173-180

143. Malatesta M. et al. 2003. *Fine structural analyses of pancreatic acinar cell nuclei from mice fed on genetically modified soybean*. European Journal of Histochemistry, 47 : 385-388

144. Vecchio L. et al. 2004. *Ultrastructural analysis of testes from mice fed on genetically modified soybean*. European Journal of Histochemistry, 48 : 449-454

145. Domingo J.L. 2007. *Toxicity studies of genetically modified plants: a review of the published litterature.* Critical Reviews in Food Science and Nutrition, 47 : 721-733

146. Le Déaut J.-Y. *Les OGM, victimes expiatoires ?* Editorial de la lettre d'information n°9 (janvier 2005) sur les plantes transgéniques, journal des professionnels des semences et de la protection des plantes (CFS : Confédération Française des Semenciers ; GNIS : Groupement National Interprofessionnel des Semences ; UIPP : Union des Industries de la Protection des Plantes)

147. Apoteker A. *Du poisson dans les fraises.* La Découverte, Paris, 1999

148. Capital n° 157 d'octobre 2004 (Dossier de Thierry Fabre)

149. AFP, 14 octobre 2008. http://www.france24.com/fr/20081014-jean-ziegler-enfant-meurt-faim-aujourdhui-est-assassine, L'Humanité, 14 avril 2008. "Jean Ziegler : « un crime contre l'humanité »" par Ramine Abadie

150. Dufumier M. *Agricultures et paysanneries des Tiers mondes.* Karthala, 2004

151. L'Humanité, 4 juin 2008. Entretien avec Jean Ziegler réalisé par Ramine Abadie

152. Robin M.-M. *Le Monde selon Monsanto.* La Découverte, Arte Editions, 2008

153. Inf'OGM, septembre 2001. *Des riz transgéniques illégaux "s'invitent" à la table des européens.* Par Eric Meunier

154. Fondation Sciences Citoyennes : http://sciencescitoyennes.org

155. Bourg D. et Boy D. *Conférences de citoyens, mode d'emploi.* Charles Leopold Meyer, 2005

OUVRAGES, DVD ET SITES INTERNET CONSEILLÉS

Ouvrages Conseillés

Apoteker A. *Du poisson dans les fraises.*
La Découverte, Paris, 1999

Babusiaux C., Le Déaut J.-Y., Sicard D., Testart J. *Plantes transgéniques : l'expérimentation est-elle acceptable ?*
La Documentation française, 2003

Berlan J.-P. *La guerre au vivant. OGM et mystifications scientifiques.* Agone, 2001

Bourg D., Boy D. *Conférences de citoyens, mode d'emploi.*
Charles Leopold Meyer, 2005

Boutin M. *Paysan en quête de vérité.*
Les Echos du Pas-de-Calais, 2006

Bové J. (avec la collaboration de Luneau G.). *Paysan du monde.* Fayard, 2002

Bové J., Dufour F. (avec la collaboration de Coutin A.). *Le grain de l'avenir* - L'agriculture racontée aux citadins. Plon, 2002

Bové J., Luneau G. *Pour la désobéissance civique.* La Découverte, 2004

Ceballos L., Kastler G. *OGM, sécurité, santé.*
Nature et Progrès, 2004

Chupeau Y., Testart J. *OGM : quels risques ?* Prométhée, Collection Pour ou Contre, 2007

Cintas E. *Une femme contre les pesticides.* Sang de la Terre, 2007

Collectif CC-OGM (sous la coordination de Prat F.). *Société civile contre OGM*. Yves Michel, 2004

Desbrosses P. *L'intelligence verte*. Le Rocher, 2007

Desbrosses P., Bailly E., Nghiem T. *Terres d'avenir pour un mode de vie durable*. Alphée, Jean-Paul Bertrand, 2007

Dufumier M. *Agricultures et paysanneries des Tiers mondes.* Karthala, 2004

Ellul, J. *La technique ou l'enjeu du siècle*. Economica, 2008

Ellul, J. *Le système technicien*. Calman-Lévy, 1977

Ellul, J. *Le bluff technologique*. Hachette, 1988

Gagnon Y. *Le jardin écologique*. Colloïdales, 2008

Gouyon P.-H., Henry J.-P., Arnould J. *Les avatars du gène*. Belin, 1997

Hallé F. *Le radeau des cimes - l'exploration des canopées forestières*. J.-C. Lattès, Paris, 2000

Ho, M.W., Séralini G.-E., Pham Delègue M.H, Darmency H., Hermitte M.A. *Génie génétique : des chercheurs citoyens s'expriment*. Sang de la terre, 1997

Kempf H. *La guerre secrète des OGM*. Seuil, 2003

Kupiec J.-J., Sonigo P. *Ni Dieu ni gène*. Seuil, 2000

Lannoye P. (sous la direction de). *Transgénique, le temps des manipulations*. Frison-Roche, 1998

Legoff L. *Manger bio c'est pas du luxe*. Terre vivante, l'écologie pratique, 2006

Luneau G. *Les Nouveaux Paysans*. Le Rocher, 1997

Nicolino F., Veillerette, F. *Pesticides - Révélations sur un scandale français*. Fayard, 2007

Pelt J.-M. *La Terre en héritage*. Fayard, 2000

Pelt J.-M. *Nouveau tour du monde d'un écologiste*. Fayard, 2005

Pelt J.-M. Et Séralini G.-E. *Après nous le déluge*. Flammarion/Fayard, 2006

Pichot A. *Histoire de la notion de gène*. Flammarion, 1999

Pierre J.-C. *Les rivières m'ont dit*. LIV'éditions, 2000

Rabhi P., Hulot N. *Graines de possibles*. Calmann-Lévy, 2005

Robin M.-M. *Le monde selon Monsanto*. La Découverte et Arte éditions, 2008

Séralini G.-E. *Le sursis de l'espèce humaine*. Belfond, 1997

Séralini G.-E. *OGM, Le vrai débat*. Flammarion, 2000

Séralini G.-E. *Génétiquement incorrect*. Flammarion, 2003

Séralini G.-E. *Ces OGM qui changent le monde*. Flammarion, 2004

Testart J. *Le désir du gène*. Flammarion, 1994

Testart J., Godin C. *Au bazar du vivant*. Seuil, 2001

Testart J. *Le vivant manipulé*. Sand, 2003

Testart J. (sous la direction de). *Réflexions pour un monde vivable*. Mille et une Nuits, 2003

Testart J. *Le vélo, le mur et le citoyen*. Belin, 2006

Ziegler J. *La haine de l'Occident*. Albin Michel, 2008

DVD conseillés

« *Alix au pays des gènes* ». Okinawa Guérard
Zeugma Films (zeugma-films@noos.fr)

« *Cultivons la terre* ». Honorine Perino
Pour une agriculture durable, innovante et sans OGM
Rés'OGM Info (resogminfo@free.fr)

« *La fin des chimères ?* » Suzanne Körösi
Les Films du Réveil (21 rue de Paradis 75010 paris)

« *Le Monde selon Monsanto* » Marie-Monique Robin
Arte Video

« *Le pollen de la discorde* » Marc et Christine Peyronnard
Entretiens avec André Pochon, Christian Vélot et Frédéric Jacquemart
(marc.peyronnard@wanadoo.fr)

« *Les pirates du vivant* » et « *Argentine : le soja de la faim* ».
Marie-Monique Robin, Galaxie Production - Arte

« *Le Titanic Apicole : La Terreur Pesticide* ». Dominique et Ananda Guillet
La voix des semences - Les visions de Gaïa (semences@kokopelli.asso.fr)

« *OGM ?* »
Conférence de Christian Vélot et Interventions de José Bové, Geneviève Azam, Jean-Baptiste Libouban, Javier Sanchez, Paul Nicholson, Aminata Traoré et François Simon
Les films de la Castagne - Alternative en Midi-Pyrénées (alternative.toulouse@wanadoo.fr) - ATTAC Toulouse - Confédération Paysanne

« *OGM - La grande illusion* ». Philippe Kergraisse.
Interventions de Christian Vélot, Isabelle Goldringer, Pierre-Henri Gouyon, Marc Dufumier, Dominique Cellier, Joël Spiroux, Lilian Ceballos, Daniel Evain, Frédéric Jacquemart et Jacques Testart
Altercampagne (alter.campagne@yahoo.fr)

« *On revient sur terre* ». Suzanne Körösi
Les Films du Réveil (21 rue de Paradis 75010 paris)

« *Sans terres et sans reproches* ». Eric Boutarin et Stéphanie Muzard Le Moing
Un voyage chez les paysans résistants du Quercy
ADDOCS, la télévision paysanne – L'Atelier des Muses (atelierdesmuses@wanadoo.fr)

Sites internet

Action Consommation- Agir par la consommation
http://www.actionconsommation.org

Altercampagne
http://altercampagne.free.fr

Association Kokopelli
http://www.kokopelli.asso.fr

Association pour la Taxation des Transactions pour l'Aide aux Citoyens (ATTAC)
http://www.attac.org

Association Sans Gène
http://sans-gene.org

BioConsom'Acteurs. *La bio en question*. Association BioConsomm'Acteurs
http://www.bioconsomacteurs.org

Comité de Recherhe et d'Information Indépendantes sur le Génie Génétique (CRIIGEN)
http://www.criigen.org

Confédération Paysanne
http://www.confederationpaysanne.fr

Faucheurs volontaires
http://www.monde-solidaire.org

Fédération Nationale d'Agriculture Biologique (FNAB)
http://www.fnab.org

Fondation Sciences Citoyenne (FSC)
http://sciencescitoyennes.org

France Nature Environnement (FNE)
http://www.fne.asso.fr

Gouvernement français (site sur les OGM)
http://www.ogm.gouv.fr

Greenpeace
http://www.greenpeace.org/france

Inf'OGM -Veille citoyenne sur les OGM
http://www.infogm.org

Les Amis de la terre
http://www.amisdelaterre.org

Mouvement pour le Droit et le Respect des Générations Futures (MDRGF)
http://www.mdrgf.org

Nature et Progrès
http://www.natureetprogres.org

OGM dangers
http://ogmdangers.org

Réseau Cohérence
http://www.reseau-coherence.org

Réseau Semences Paysannes
http://www.semencespaysannes.org

Rés'OGM Info
http://www.resogm.org

World Wildlife Fund for Nature (WWF)
http://www.wwf.fr

Les Editions Goutte de Sable proposent des livres et des DVD qui traitent des thèmes de l'éco-construction et de l'écologie en général, ainsi que des questions de société. Nos différents ouvrages sont autant de propositions alternatives, positives et constructives qui s'adressent à un large public, avec notamment des albums pour enfants. Goutte de Sable est une maison d'édition à taille humaine, composée de salariés et de bénévoles qui cherchent à développer une édition éthique en rémunérant les auteurs au plus juste, en imprimant sur papier recyclé avec des encres naturelles, en gérant les envois de manière cohérente.

Un petit coin pour soulager la planète

Jardinier voyageur, l'auteur s'est passionné pour ce sujet difficile : les toilettes sèches, avec l'ambition de réaliser le premier guide pratique complet dans ce domaine. Aucun aspect n'est oublié : de l 'histoire de nos rapports avec nos excréments jusqu'à la description précise de tous les modèles commercialisés dans le monde, des enjeux écologiques aux problèmes posés par les pathogènes, par les odeurs ou par la réglementation ... Le tout agrémenté de témoignages, de nombreuses illustrations couleurs et de dessins humoristiques. Une somme impressionnante, qui n'oublie pas d'aborder la problématique de l'épuration des eaux usées. De quoi lever bien des réticences sur ces délicates questions...

Prix Public : 10 € (sans les frais de port)

288 pages, couleur, ISBN 2-95237-140-7

Nathan le cormoran

Nathan le cormoran aime Juliette la mouette, le soleil, les poissons et surfer les courants d'air. Mais un soir de tempête son destin est bouleversé. Dans ce livre, décrouvre l'histoire de Nathan le cormoran, apprends comment l'on soigne les oiseaux mazoutés et joue à retrouver les silhouettes d'oiseaux dans les illustrations.

Cet album est le second d'une série, le premier album est intitulé "Une vie d'eau de pluie : le voyage de Cléo la petite goutte d'eau ".

Prix Public : 12 euros (sans les frais de port)

40 pages, couleur, ISBN 978-2-9523714-6-9

Le voyage de Cléo la Petite Goutte d'Eau

Une vie d'eau de pluie : Le Voyage de Cléo la Petite Goutte d'Eau. est un album illustré pour enfants. Il raconte de façon ludique et imagée le cycle de vie de l'eau. Le voyage de Cléo la petite goutte d'eau commence par son déménagement de sa maison océan en s'évaporant pour se reformer dans un gros nuage. Elle rencontrera la pluie sur les côtes bretonnes, les légumes du jardin, les cours d'eau, la plage... Ce livre participe ainsi à l'éveil des enfants à la nature et à la protection de l'environnement. Les illustrations sont des petites peintures au couteau à l'acrylique réalisées par l'auteur elle-même.
Prix Public : 12 euros (sans les frais de port)
28 pages, couleur, ISBN 978-2-9523714-5-8

D'un voyage à d'autre

Début février 2004, Cathy Dubourg et Thierry Baffou ont emménagé dans leur nouvelle maison. Ce faisant, ils allaient au bout d'un rêve débuté six ans auparavant. Il faut en effet rechercher l'origine de leur maison ce jour de 1998 où ils ont enfourché leur bicyclette. Pendant onze mois, ils ont pédalé autour du globe avec l'objectif de rencontrer des autoconstructeurs, des architectes, des bâtisseurs en tout genre, tous liés au petit monde de l'architecture écologique.
De retour en Mayenne, ils entament la deuxième phase de l'aventure, construire une maison bioclimatique qui concentre une multitude de "petits trucs" aperçus au cours de leur voyage...
Prix public : 32 euros (+ 4,50 euros de frais de port)
160 pages, couleur, ISBN : 2-95237-141-5

Eco Construire

Ce DVD didactique vous propose les différentes étapes techniques de la réalisation d'un habitat de 100 m^2 pour moins de 80 000 euros. L'association Terres de Vent a construit cet espace bioclimatique dans le cadre d'un chantier participatif.
Par cette expérience, l'association entend mettre en avant les principes de la maison passive, de la limitation de l'empreinte écologique grâce à l'emploi de matériaux faiblement consommateurs d'énergie grise, tels que le bois, la terre et la paille.
Prix public : 29 euros (+ 2,50 euros de frais de port)
ISBN : 9-78952-371476

Entre Paille et Terre

L'approche constructive avec les bottes de paille proposée dans ce livre est le fruit d'expériences entre la technique la plus utilisée dans le monde : Nebraska (murs en paille porteurs) et le bâtiment traditionnel français : l'ossature bois. Cette technique, nommée Cellule Sous Tension©, ouvre une nouvelle voie à la construction en paille, celle des murs auto-contreventés avec un enduit qui n'est plus une surface finale mais une partie intégrante de la structure du mur. Ce livre s'adresse à toutes les personnes qui veulent découvrir un mode de construction... Un livre technique, pratique mais surtout dans lequel on découvre la beauté des enduits en terre.
Prix Public : 29 euros (sans les frais de port)
216 pages, couleur, ISBN 978-2-9523714-3-8

«Cette France là ...» Carnet de campagne 2007 José Bové

Rats des villes et rats des champs.
On aurait pu croire les genres définitivement séparés par La Fontaine...
Cette campagne aura bien prouvé le contraire. Dans les citées, dans les villes, on aura parlé malbouffe et même souveraineté alimentaire. Sur les causses, dans les prairies de l'ouest, on a débattu de solidarité, d'immigration, mais aussi de pollutions et d'enfouissement de déchets divers et avariés. Bref, partout on aura parlé de tout, et c'est bien ce qu'auraient voulu éviter ceux qui ne voulaient parler que d'eux, que de l'impossibilité de changer les choses et surtout de mettre en route un autre monde.
Dans ce tour de France, on aura vu les invisibles, entendu les inaudibles, serré la louche de ceux qui ne savaient de la politique que ce qu'ils voyaient à la télé et puis, surtout, lancé des passerelles...vers les étoiles ? Peut être ! Mais cette France là qui « ...montait des mines, descendait des collines, celle qui chante en moi, la belle, la Rebelle ...» , du moins avant que les mines ne soient fermées et les collines désertées, c'est justement celle qui rêve d'étoiles et ne voit que la nuit.
Prix Public : 29 euros (sans les frais de port)
144 pages, couleur, ISBN 978-2-9523714-8-3

Goutte de Sable
La Roussière
53400 ATHÉE

www.gouttedesable.fr

Dépôt légal : janvier 2009

Coordination : Thierry Baffou
Maquette : gouttedesable.fr et Schuller-Graphic.com
Illustrations : Jef Vivant - Chez Moreau 24600 Vanxains - tél. : 05 53 91 22 29
Crédits photos : Guillaume de Crop
Mise en page : Nadège Bézier
Pré-presse : www.Schuller-Graphic.com
Imprimé chez Jouve à Mayenne (53)
sur papier 100% recyclé blanchi sans chlore